Chemisch-technologische Grundsätze

der

gesammten Ledergerberey;

oder

theoretische und praktische Anleitung zur rationellen Kenntniß und Ausübung der Lohgerberey, der Corduan und Saffiangerberey, der Juftengerberey, der Weiß- und Sämischgerberey, und der Pergamentfabrikation;

zur

allgemeinen Verbesserung und Vervollkommnung dieser Kunstgewerbe.

Auf

eigene Erfahrung gegründet, so wie nach den neuesten Entdeckungen der Chemie und Technologie bearbeitet

von

Sigismund Friedrich Hermbstädt,
Königl. Preußischem Geheimen Rathe rc. rc.

Zweyter Theil,

welcher die Juftengerberey, die Saffian- und Corduangerberey, die dänische Lederfabrikation, die Weiß- und Sämischgerberey, so wie die Pergament- und Chagreinfabrikation abhandelt.

Berlin, 1807.
Im Verlag der Realschulbuchhandlung.

Vorbericht.

Der gegenwärtige zweyte Theil meines chemisch-technologischen Handbuchs der Gerbekunst, erscheint um ein Jahr später als es mein Wunsch war. Mancherley Dienstabhaltungen, und das Mitwirken der gegenwärtigen kriegerischen Zeitverhältnisse, erlaubten mir bisher nicht die erforderliche Zeit auf dessen Ausarbeitungen verwenden zu können, welche dieser zweyte Theil erforderte. Viele der darin abgehandelten Gegenstände mußten erst untersucht werden, um das Zweifelhafte was darüber existirte zu berichtigen; und Untersuchungen solcher Art erfordern Zeit, wenn sie bestimmte Resultate darbieten sollen.

Man hat den ersten Theil dieses Buchs, welcher die allgemeine Vorbereitung zum rationellen Studium der Gerbekunst enthält, mit einem mir schmeichelhaften Beifall aufgenommen, und ihn mit Nachsicht beurtheilt. Ich habe das Vergnügen gehabt, das Urtheil vieler denkender Lohgerber darüber einzuziehen, und es ist mir eine große Belohnung gewesen, daß solche meinen darin aufgestellten Grundsätzen und Erfahrungen nichts Erhebliches entgegen gesetzt haben.

Daß die Ledergerberey im allgemeinen, so wie die einzelnen Zweige derselben insbesondere, einer wissentschaftlichen Bearbeitung fähig sind, habe ich im gegenwärtigen Buche mehr als einmal zu beweisen Gelegenheit gehabt. Mein Wunsch war es den praktischen Ledergerbern ein Werk in die Hände zu geben, welches eine Anleitung zum Denken über ihr Kunstgewerbe enthalten sollte; und ich habe mit Vergnügen Gelegenheit gehabt zu bemerken, daß sich bereits viele denkende Köpfe unter ihnen befinden, die, weit entfernt am alten Schlendrian zu beharren, jedes Neue mit Begierde ergreifen und sich anzueignen suchen, wenn es nur gut und nützlich ist, und auf eine reelle Verbesserung und Vervollkommung der gesammten Ledergerberey abzweckt.

Haben nur erst die jetzigen Meister in der Kunst sich mit den rationellen Grundsätzen ihres Gewerbes bekannt und vertraut gemacht, haben sie sich überzeugt, daß alle dabey obwaltende Erscheinungen auf zureichenden Gründen beruhen, deren Erkenntniß eben so viel Vergnügen gewährt, als sie neue und bessere Ansichten des Gegenstandes eröfnet: dann ist mit Zuversicht zu erwarten, daß sie eben diese Kenntnisse ihren Schülern mittheilen werden; und wenn diese dann wieder in die Fußtapfen ihrer Lehrer treten, so darf man nicht zweifeln, daß die bisher als ein bloß mechanisches Handwerk herabgesetzte Ledergerberey, sich bald zu einer wissenschaftlichen Kunst emporschwingen wird.

Meinem bey der Herausgabe des ersten Theils gegebenen Versprechen gemäß, liefere ich in dem gegenwärtigen zweiten die Abhandlung der Juftengerberey, der Saffiangerberey, der Corduangerberey, der Dänischledergerberey, der Alaunweißgerberey, der Fettweiß- oder Sämischgerberey, der Pergamentgerberey, und der Fabrikation des ächten und unächten Chagreins; so wie die künstliche Gerbungsart mit metallischen Salzen. Die Gerberproduktenkunde habe ich deshalb in alphabetischer Ordnung abgehandelt, weil mir dieses am angemessensten zu seyn schien, um diesen Abschnitt erforderlichenfalls zum Nachschlagen gebrauchen zu können, wenn man über den einen oder den andern Gegenstand in der Kürze Nachweisung verlangt. Die angehängte Theorie der Gerbekunst ist als eine allgemeine Rekapitulation des ganzen Werks anzusehen: ich glaubte sie vorzüglich aus dem Grunde am Schlusse des Werks abhandeln zu müssen, weil derjenige, welcher das ganze Buch mit Aufmerksamkeit gelesen hat, sich nun erst im Stande fühlen wird, die Theorie der verschiedenen Operationen zu verstehen und sie gehörig in Anwendung zu setzen.

Ich habe für praktische Gerber geschrieben, die sich eine wissenschaftliche Uebersicht ihres Erwerbszweigs aneignen wollen. Dies wird mich entschuldigen, wenn ich absichtlich zuweilen weitläuftiger geworden bin, als ich es gewesen seyn würde, wenn ich für Gelehrte geschrieben hätte. Sollte aber der gelehrte Technolog oder der Kameralist, wenn ihnen mein Buch in die Hände fallen möchte, neben dem praktischen Gerber einigen reellen Nutzen daraus ziehen, sollte derselbe neue praktische Erfahrungen, neue Ansichten der Gegenstände darin finden, dann werde ich mich um so mehr für meine darauf verwandte Mühe belohnt fühlen. Zur mehrern Bequemlichkeit für den Leser habe ich diesem zweyten Theil ein Register über das ganze Werk angehängt.

Berlin den 25. Februar 1807.

Hermbstädt.

Inhaltsanzeige des Zweiten Theils.

Sechster Abschnitt.

Siebenter Abschnitt.

Achter Abschnitt.

Neunter Abschnitt.

Zehnter Abschnitt.

Eilfter Abschnitt.

Zwölfter Abschnitt.

Che-

Chemische Grundsätze

der

Kunst alle Arten Leder zu gerben, zu färben und auf eine sonst erforderliche Art zuzubereiten:

oder

theoretische und praktische Anleitung zur rationellen wissenschaftlichen Kenntniß und Ausübung der Lohgerberey, der Corduan- und Saffiangerberey, der Juftengerberey, der Weißgerberey und der Pergamentfabrikation.

Auf eigne Erfahrungen gegründet, und nach den neuesten Entdeckungen der Chemie und Technologie bearbeitet.

Zweyter Theil.

Non ars sine Scientia!
Cicero.

Chemische Grundsätze
der
Kunst alle Arten Leder zu gerben.
Zweiter Theil.

Sechster Abschnitt.

Von der Juftengerberey, oder der Fabrikation des Juftenleders.

§. 677.

Mit dem Namen Juften auch Jufti-Leder, eine Benennung, die oft mit dem nichts bedeutendem Worte Juchten vertauscht wird, bezeichnet man eine besonders zugerichtete Art von Lohgahren Thierhäuten, welche sich durch einen hohen Grad von Feinheit, Geschmeidigkeit und Festigkeit, so wie durch einen eigenthümlichen Geruch auszeichnen, durch welchen sie von allen andern Lederarten, leicht zu unterscheiden sind.

§. 678.

Die Zubereitung des Juftenleders ist eine Erfindung der Bulgaren, aus deren Sprache auch der Name desselben entlehnt ist: denn Jufti heißt eine vielfache Zahl; und weil man beym färben des Juftenleders allemal zwey Häute mit ihre Narbenseite aneinander zu nähen pflegt, um einen Sack daraus zu bilden, so ist es mehr als wahrscheinlich, daß der Name Juften hiervon entlehnet worden ist.

§. 679.

Die Fabrikation des Juftenleders war vormals ein fast ausschlüßliches Gewerbe einiger Provinzen des Russischen Reichs; und noch jetzt werden im Jaroslawschen, im Kaströmschen und im Pleskowschen die schönsten Juften fabricirt und in den Handel gebracht. Späterhin hat man aber die Fabrikation des Juftenleders auch zu Pinsk in Lithauen, und selbst in Deutschland mit glücklichem Erfolg nachgeahmt.

§. 680.

Die Häute deren man sich zur Fabrikation des Juftenleders bedient, bestehen vorzüglich in Kuhhäuten, doch werden auch Roßhäute, so wie starke Bock- und Kalbfelle dazu angewendet. Aber das gerbende Material dessen man sich zum Gahrmachen der Häute bedient, ist nicht an allen Orten dasselbe, wie solches weiterhin näher erörtert werden soll.

§. 681.

Die ganze Kunst der Juftengerberey, läßt sich füglich in acht verschiedene Operationen abtheilen: dahin gehören:

a) das Reinigen der rohen Häute; b) das Enthaaren derselben; c) das Schwellen derselben; d) das Gerben oder Gahrmachen derselben; e) das Tränken der gahren Häute mit Birkenöl; f) das Zurichten; g) das Färben; und h) das Appretiren derselben.

Erste Operation.

Das Reinigen der rohen Häute.

§. 682.

Man verarbeitet zur Juftengerberey die rohen Häute entweder ganz frisch oder grün; oder auch in einem Lufttrocknen Zustande. Man hängt sie in fließendes Wasser, oder man weicht sie, wenn jenes nicht in der Nähe zu haben ist, in mit Wasser gefülleten Fässern so ein, daß sie vollkommen mit dem Wasser bedeckt, und vom Zutritt der Luft abgeschnitten sind. In diesem Zustande läßt man sie drey bis vier Tage, oder überhaupt so lange liegen, bis, vorzüglich die trocknen Häute, vollkommen erweicht worden sind. Nachher werden die Häute aus dem Wasser herausgenommen, so dann aufgeschlagen, damit das darin hängende Wasser ablaufen kann, und hierauf jedes Fell einzeln auf Stangen gehängt, abermals vier Tage im Wasser eingetaucht.

§. 683.

Nach vollendeter zweyten Einweichung werden die Felle abermals aufgeschlagen, und, wenn das Wasser abgelaufen ist, wird die Fleischseite derselben auf dem Schabebaum vom überflüssigen Fleische gereiniget, dann ausgestrichen und gestreckt, worauf solche zum drittenmal ein paar Tage in Wasser eingeweicht werden: wobey es sehr gut ist, wenn man sich gleich vom Anfang an, eines frischen fließenden Wassers dazu bedienen kann.

Zweite Operation.

Das Enthaaren der gereinigten Häute.

§. 684.

Um das Enthaaren der gereinigten Häute zu veranstalten, bedient man sich entweder des gewöhnlichen Kalkäschers, oder auch eines mit Wasser angebrüheten Gemenges von gebranntem Kalk und Holzasche, in welchem also das Kali der Asche, durch den Kalk ätzend gemacht worden ist. In einen solchen Aescher werden die Häute ganz nach gewöhnlicher Art eingebracht, und vierzehn Tage lang darin gelassen, während welcher Zeit sie von sechs Tagen zu sechs Tagen ein paarmal herausgenommen, aufgeschlagen, und aufs Neue in den Aescher gebracht werden.

§. 685.

Ist diese erste Behandlung in der Kälke vollendet, wozu man sich auch eines alten schon gebrauchten Aeschers bedienen kann, so werden nun die Felle auf dem Schabebaum von den Haaren befreiet. Sie kommen hierauf zum zweytenmale vierzehn Tage lang in einen frisch zubereiteten Aescher, worauf sie abermals auf den Schabebaum gebracht werden, um mittelst dem Schabeeisen, das noch überflüssige Fleisch auf der Fleischseite, so wie den Kalk hinweg zu schaffen. Ist auch dieses geschehen, so werden sie mit einem eignen dazu bestimmten Falzeisen gefalzt, und um ihnen durchaus eine gleichförmige Dicke zu geben, an den dickern Stellen abgehobelt.

Dritte Operation.

Das Schwellen der enthaarten Häute.

§. 686.

Um das Schwellen der enthaarten Häute zu veranstalten, bedient man sich eines vegetabilischen Sauerwassers; an dessen Stelle aber auch die Gallussäure mit Vortheil angewendet werden kann, welche nach dem Ausgerben der Lohbrühe (§. 212.) übrig bleibt: weil sie mehr wie jede andre Schwellbeize die darin eingeweichten Häute vor der Fäulniß schützt.

§. 687.

In den Astrachanschen Juftengerbereyen, bringt man die enthaarten und gehörig gereinigten Häute erst in ein Gemenge von Hundskoth und Wasser, welches Kaschka genannt wird. In dieser Beize läßt man die Häute 48 Stunden lang liegen, worauf sie gut mit Wasser abgespült, und hierauf in eine Sauerbeize gebracht werden, in der sie, nach Verhältniß ihre Größe und Dicke, zwey, drey bis vier Tage beharren, worauf sie abermals gut abgespült werden müssen; und dann zum Gahrmachen vorbereitet sind.

Vierte Operation.

Das Gerben der geschwellten Häute.

§. 688.

Zum Gerben oder Gahrmachen der zu Juftenleder bestimmten Häute bedient man sich, wie bereits (§. 680.) erörtert worden, nicht an jedem Orte ein und eben desselben gerbenden Materials. Zu Arsames im Astrachanschen wendet man dazu die Rinde so wie die jungen Zweige der Sandweide (Salix arenaria) so wie auch andre Weidenarten (§. 314.) an. Zu Kastroma und Kasan bedient man sich der Fichtenrinde (§. 312.) gemeiniglich mit Weidenrinde gemengt. In Sibirien wird die innere braune Rinde der Birken (§. 311.) dazu gebraucht.

§. 689.

Um nun das wirkliche Gerben oder das Lohgahrmachen der gehörig vorbereiteten Häute zu veranstalten, bringt man solche in ein Gefäß mit Lohbrühe, welche von einer vorausgegangnen Gerbung übrig geblieben ist, die folglich mehr Gallussäure als Gerbestoff gelöst enthält, worin die kleinern Häute 24 Stunden, die größern hingegen drey Tage und länger liegen bleiben, welche Behandlung also als eine Art von Treibfarbe angesehen werden muß.

§. 690.

Nach dieser Vorbereitung mit der entkräfteten Lohbrühe, werden nun die Häute in die wirkliche Gahrgrube gebracht, in der sie, entweder nach gewöhnlicher Art, mit dem anzuwendenden Gerbematerial geschichtet und sehr naß gehalten, oder mit einer warmen Lohbrühe ganz wie auf dem ersten Wege behandelt werden, welche durch das Extrahiren des Gerbematerials, es sei Weiden-Birken- oder Fichtenrinde, oder ein Gemenge von diesen untereinander, bereitet worden ist. Im Kasanschen pflegt man die zu gerbenden Häute auch wohl vorher mit Kochsalz einzureiben.

§. 691.

Das Gerben oder Gahrmachen dieser Häute wird gewöhnlich in sechs Perioden eingetheilt, und erfordert fünf bis sechs Wochen Zeit, zur völligen Beendigung. Man brühet zu dem Behuf für jede Periode eine Portion des Gerbematerials mit warmen Wasser an, und bringt die Felle hinein; jedoch ist zu bemerken, daß die Temperatur der Flüssigkeit, ehe die Häute hineingebracht werden, wenigstens bis auf 30 Grad Reaumür abgekühlt seyn muß.

§. 692.

In der ersten Woche giebt man den Häuten zwey Gerbebrühen, in den vier oder fünf letztern hingegen, jede Woche nur eine Brühe. Die Quantität des gerbenden Materials welche hiezu erfordert wird, stehet mit der Größe und Dicke der Häute im Verhältniß. Das sicherste Merkmal ob genug Lohe angewendet worden ist, bestimmt man am besten aus dem Lohgaren Zustande des Leders, wonach sich billig auch die Zeit des Gerbens richten muß.

§. 693.

Aus jener Beschreibung der Gerbung des Juftenleders gehet sehr deutlich hervor, daß sie von der gewöhnlichen Verfahrungsart, deren man sich beim Gerben der Kalbfelle bedient, wesentlich nicht verschieden ist. Ist die Gahrmachung vollendet, so werden die gegerbten Häute aufgeschlagen, auf dem Schabebaum gut ausgestrichen, um sie von der inhärirenden Brühe so wie von den anklebenden Lohtheilen vollkommen zu reinigen; und nun sind dieselben zum Eintränken mit dem Birkenöl vorbereitet.

Fünfte Operation.

Tränkung der gegerbten Häute mit Birkenöl.

§. 694.

Was man unter Birkenöl versteht, und wie dasselbe zubereitet wird, soll nachher gelehrt werden. Jetzt wollen wir bloß die Methode beschreiben, wie das Einträuken der Lohgahren Häute mit diesem Oel veranstaltet werden muß, um die dem Juftenleder zukommende Geschmeidigkeit, so wie den eigenthümlichen Geruch desselben zu erzeugen.

§. 695.

Man breitet die noch feuchten lohgahren Häute auf einer hinreichend großen Tafel aus, so daß die Fleischseite nach oben zu liegen kommt. Zwey Arbeiter tragen nun mittelst wollenen Lappen das Oel auf die Oberfläche der Haut, vertheilen solches, und reiben dasselbe ein, bis die Haut vollkommen mit dem Oel getränkt ist.

§. 696.

Ist diese Operation vollendet, so wird die Haut zusammengeschlagen, und zwar so, daß die Narbenseite mit der durch das Oel getränkten Fleischseite nicht zusammentrifft.

Sie wird dann auf einem Boden, die Narbenseite auswärts, auf einer Stange zum Trocknen aufgehängt: wobey nun die Oeltheile sich inniger mit der Haut verbinden, die Wassertheile aus der Haut aber allmählig verdünsten. Jene Operation wird mit jedem Felle einzeln veranstaltet; und sie besitzen jetzt den eigenthümlichen Geruch welcher das Juftenleder auszeichnet.

Sechste Operation.

Das Zurichten der mit Birkenöl getränkten Häute.

§. 697.

Wenn die mit dem Birkenöl getränkten Häute an der Luft getrocknet sind, so besitzen dieselben einen hohen Grad von Härte und Steifigkeit. Um diese zu vernichten, und ihnen die erforderliche Geschmeidigkeit zu geben, werden selbige auf der Narbenseite, mittelst einem Schwamm, mit einer in Wasser gemachten Auflösung von Alaun recht gut eingerieben, und hierauf mit den genarbten Flächen übereinander gelegt, damit sie recht gut durchziehen können.

§. 698.

Hat sich die Feuchtigkeit eingezogen, und haben die so getränkten Häute den erforderlichen Grad der Biegsamkeit angenommen, so werden dieselben durch ein paar Arbeiter auf dem Reckbock so lange ausgereckt, bis alle Steifigkeit verschwunden ist; worauf die Narbenseite zum zweytenmal mit der Alaunauflösung gut eingerieben wird.

§. 699.

Ist auch diese Arbeit beendigt, so schreitet man zur Narbung der Häute, welche vorzüglich aus dem Grund veranstaltet wird, um denselben eine gefällige äußere Form zu geben. Man verrichtet diese Operation mit einer Krispel, einer aus Messing verfertigten gekerbten Walze, die mit zwey Handgriffen versehen ist. Zu dem Behuf wird die Haut über eine Tafel ausgebreitet, und die Krispel, indem man sie mit beyden Händen anfasset, und ihr einen mäßig starken Druck giebt, auf der Narbenseite rollend fortbewegt, wodurch die verlangten Narben gebildet werden. Die Häute sind nun zum Auftragen der Farbe vorbereitet.

Siebente Operation.

Das Färben der gegerbten Häute.

§. 700.

Man färbt das Juftenleder entweder roth oder schwarz. Um die rothe Farbe hiezu darzustellen, übergießt man in einem kupfernen Kessel zehn Pfund gemahlnes rothes Sandelholz, mit 80 bis 90 Pfund gutem klaren Kalkwasser (§. 124.), und kochet nun das ganze drey bis vier Stunden, oder überhaupt so lange, bis die rothfärbenden Theile des Holzes möglichst vollkommen ausgezogen worden sind.

§. 701.

Man gießt hierauf die rothe Farbenbrühe in einen hölzernen Bottich, wirft zwey Loth Salmiak (§. 250.), nebst einem Loth Natrum (§. 108.) hinzu, rührt alles wohl unter einander, damit jene Materien sich lösen können, und läßt nun die Farbenbrühe erkälten. So wird die rothe Farbenbrühe für das Juftenleder bereitet, wobey auch statt des Sandelholzes, ein gutes Brasilienholz oder Fernambukholz (§. 328.) angewendet werden kann.

§. 702.

Zur Zubereitung der schwarzen Farbe für's Juftenleder, wird folgendermaßen operirt. Man bereitet die vorher beschriebne Brühe zur rothen Farbe, man löset alsdann darin so viel Eisenvitriol (Schwefelsaures Eisen §. 261.) auf, bis die Flüßigkeit eine schwarze Tintenartige Farbe angenommen hat, die nun, wie weiterhin gelehret werden soll, auf die Häute getragen wird.

§. 703.

Eine andre Verfahrungsart zur schwarzen Farbe, bestehet im Folgenden. Man übergießt Gerstenschroot oder auch Malzschroot in einem hölzernen Faße mit mäßig heißem Wasser, und läßt den Aufguß bey einer Temperatur von 20 Grad Reaumür ruhig stehen, bis derselbe die Gährung überstanden hat; worauf die Flüssigkeit geklährt, und mit dem Namen Quas belegt wird.

§. 704.

Wenn dieser Quas nach und nach in eine saure Gährung übergegangen ist, und sich in einen Getreideessig umgeändert hat, dann wirft man altes Eisen das verrostet ist hinein, und läßt solches so lange darin liegen, bis die Säure eine hinreichende Menge davon aufgelößt, und die Auflösung eine braune Farbe, so wie einen süßlicht zusammenziehenden Geschmack angenommen hat.

§. 705.

Jene Auflösung ist also nichts anderes als Essigsaures Eisen (§. 361.). Werden die gegerbten Häute damit angestrichen, so erzeugt das Eisenoxyd jener Auflösung, in Verbindung mit dem Gerbestoff und der Gallussäure, welche schon in den gegerbten Häuten enthalten sind, ohne weiter ein Pigment anzuwenden, eine schwarze Farbe.

§. 706.

Jene mühevolle Zubereitung des Essigsauren Eisens, die sich bloß auf einen Mangel an rationeller Sachkenntniß gründet, kann durch die unmittelbare Anwendung eines mit Getreideessig, noch besser aber mit Holzsäure bereiteten Essigsauren Eisens (§. 361.) erspart werden; und man gewinnt dadurch noch eine sattere und schönere Farbe, als auf jenem Wege.

§. 707.

Um mit den zubereiteten Farbenbrühen, es mag die rothe oder die schwarze seyn, die Häute wirklich zu färben, wird auf eine zwiefache Art operirt. Die erste Methode bestehet im Folgenden. Man legt zwey Häute mit der Narbenseite übereinander, und nähet nun die Kanten, indem man Lederstreifen darüber legt, Wasserdicht zusammen. Auf diese Art bilden die mit einander verbundenen Häute einen Sack, in welchen man nun die Farbenbrühe hineingießt, und, nachdem er verschlossen ist, ihn hin und her rollet, damit die Farbe in allen Punkten gleichförmig anfallen kann.

§. 708.

Die zweite Methode des Färbens, bestehet im Folgenden. Man breitet die Haut auf einer dazu bestimmten Tafel aus, so daß die Narbenseite nach oben zu liegen kommt. Man trägt nun die fertige Farbenbrühe auf, vertheilt selbige in allen Punkten gleichförmig mittelst einem Schwam, und läßt sie denn bis zur mäßigen Trockne der Haut einziehen: eine Operation, die fünf bis sechsmal nach einander erneuert werden muß, bevor die Farbe den erforderlichen Grad der Sättigung erreicht.

Achte Operation.

Das Appretiren der gefärbten Juften.

§. 709.

Die gefärbten Häute erfordern nun noch die nöthige Appretur, um solche als Kaufmannsgut darzustellen. Diese bestehet aus mehrern einzelnen Operationen: nemlich 1) dem Krispeln; 2) dem Falzen; 3) dem Schlichten; und 4) dem Bürsten, bevor solche das Gefällige im Aeußern annehmen, was der Käufer daran zu bemerken verlangt; ich werde daher jede Einzelne jener Operationen näher erörtern.

§. 710.

Um das Krispeln zu veranstalten, wird folgendermaßen operirt. Man breitet die gefärbte Haut, bevor sie völlig ausgetrocknet ist, auf einer dazu bestimmten Tafel aus, so daß die Fleischseite nach oben kommt, und arbeitet selbige mit dem Krispelholze nach allen Richtungen genau durch; welches vorzüglich aus dem Grunde veranstaltet wird, um die Steifigkeit welche die Häute nach dem Färben angenommen haben zu vernichten, und ihnen die erforderliche Zähigkeit und Geschmeidigkeit zu geben.

§. 711.

Nach vollendetem Krispeln, schreitet man zum Falzen der Haut, welches mit einem eigenen dazu bestimmten Falzeisen verrichtet wird, das auf beyden Seiten mit einer etwas umgelegten Schneide versehen ist. Diese Operation bestehet in einer Art von Abhobeln, welches auf der Fleischseite der Haut veranstaltet wird, um dadurch die dickern Stellen der Haut dünner zu machen. Jenes Falzen wird auf dem Falzbock verrichtet, wobey das abgefalzte Leder in Spänen abfällt.

§. 712.

Ist das Falzen beendigt, so schreitet man zum Schlichten der Häute, welches mittelst dem Schlichtmond, auf dem Schlichtrahmen, gleichfalls auf der Fleischseite veranstaltet wird, um solche völlig rein und weiß zu machen, und die Gleichheit der Haut zu befördern. Indem jene Operation ausgeübt wird, hat man sich aber sehr in Acht zu nehmen, daß die Haut nicht durchlöchert werde, welches wegen der erforderlichen Schärfe des Schlichtmondes, der aus Stahl verfertigt ist, leicht geschehen kann.

§. 713.

Ist auch das Schlichten vollendet, so schreitet man nun abermals zum Krispeln der Haut. Man krispelt die Haut erst auf der Narbenseite mit dem scharfen Krispelholze, worauf die Fleischseite mit dem Pantoffelkrispel bearbeitet, oder wie man es nennt, aufgekrauset wird.

§. 714.

§. 714.

Endlich schreitet man nun zum Bürsten der Häute. Zu dem Behuf werden die Häute auf einer Tafel ausgebreitet, so daß die Narbenseite oben zu liegen kommt, und diese mit einer scharfen Bürste wohl ausgebürstet, um sie rein und glänzend zu machen. So bearbeitet, haben jetzt die Juftenleder ihre letzte Vollkommenheit erhalten. Sie werden nun mit der gefärbten Fläche zusammengerollt, und in den Handel gebracht.

Bemerkungen über die vorher beschriebne Fabrikation des Juftenleders.

§. 715.

Jenes ist die Verfahrungsart, welche bey der Fabrikatur des Juftenleders beobachtet wird. Wer solche genau überdenkt, und die chemischen Grundsätze zu entwickeln bemühet ist, worauf einige dabey statt findende Erfolge gestützt sind, der wird leicht begreifen, daß das ganze Verfahren einerseits von der gewöhnlichen Gerbungsart wenig abweicht, und anderseits, in Hinsicht der dazu erforderlichen Manipulationen, bedeutend abgekürzt werden kann.

§. 716.

Als Abkürzungsmittel dabey, ist Folgendes zu bemerken. Wenn man auch das Enthaaren der Häute mit Kalk und Asche beybehalten will; so verdienet doch das Schwellen der zu Juftenleder bestimmten Häute nach einer andern Art veranstaltet zu werden, denn das Aufschwellen, oder die Behandlung der Häute in vegetabilischem Sauerwasser, ist weniger dazu bestimmt sie aufzulockern, als vielmehr die rückständigen Kalktheile vollkommen daraus hinweg zu schaffen; welche sonst durch ihre Verbindung mit dem Gerbestoff, der Haut viel Härte und Steifigkeit ertheilen, folglich ihre Elasticität und Biegsamkeit sehr vermindern würden.

§. 717.

Weit einfacher und regelmäßiger kann daher die schwellende Behandlung solcher Häute in einem mineralischen Sauerwasser veranstaltet werden, welches aus einem Theil Vitriolöl und dreyhundert Theilen Flußwasser gemengt ist. Diese Flüssigkeit nimmt alle Kalktheile vollkommen aus der Haut hinweg, und indem sie die Wassertheile der Haut weniger auflockert, bleibt ihre Festigkeit größer als sonst. Daß die Beize mit Hundskoth dabei gänzlich entbehrt werden kann, ist gar keinem Zweifel unterworfen.

§. 718.

Eben so ist die Methode des Gerbens der Häute zu complicirt. Auch hier wird die Schnellgerberey, mit einer schon fertigen Lohbrühe mit Vortheil angewendet werden können; weil damit viel reinlicher gearbeitet wird, und man mit einem kleinen Aufwande von Zeit und Gerbematerial zum Zweck kommt, wovon ich mich durch eigne Erfahrung überzeugt habe.

§. 719.

Daß man indessen beym Gerben der zum Juftenleder bestimmten Häute die Weidenrinde, die Birkenrinde oder die Fichtenrinde in Anwendung setzen muß, geht aus dem Grunde hervor, weil die Eichenrinde die Häute zu dunkelfärben, und dadurch die Annahme einer schönen rothen

Farbe verhindern würde. Uebrigens haben mich einige darüber angestellte Versuche gelehrt, daß auch die Natterwurzel und die Tormentillwurzel zum Gerben der Juften überaus geschickt sind.

§. 720.

Regelmäßiger arbeitet man in dessen allemal auch hier, so wie bei andern Häuten, wenn die dazu gebräuchlichen gerbenden Materialien vorher mit Wasser extrahirt, und nun die daraus erhaltene Gerbebrühe zum Gerben und Gahrmachen in Anwendung gesetzt wird. Man arbeitet auf diesem Wege sehr reinlich, die gegerbten Häute erscheinen frei von Flecken, und sie sind mehr als sonst geschickt, die schönste rothe Farbe anzunehmen.

§. 721.

In Rusland soll man, einigen Nachrichten zu folge, die Juftenhäute auch noch mit Hanföl tränken, wahrscheinlich um ihnen einen höhern Grad von Geschmeidigkeit zu geben, und sie vor dem Austrocknen und Starrwerden zu schützen. Man würde aber besser thun, wenn man sich des gemeinen Olivenöls dazu bediente, auch verdient das aus dem Saamen des chinesischen Oelrettigs gepressete Oel, zu diesem Behuf empfohlen zu werden: es ist wohlfeil, und ersetzt das Olivenöl in jeder Hinsicht.

Anhang.

Ueber das Birkenöl und die Verfertigung desselben.

§. 722.

Mit dem Namen Birkenöl (in der russischen Sprache

Deggut oder Doggert) wird ein brenzliches Oel bezeichnet, das durch eine trockne Destillation der Birkenrinde gewonnen wird. In Rusland verfertigt man das Birkenöl vorzüglich zu Nevianskoi Sawod in Sibirien aus der Rinde von alten Birken, die besonders von denjenigen Stämmen genommen wird, welche durch Windbruch umgeworfen worden sind; und wozu man am liebsten die Rinde von der schwarzen Birke auswählt.

§. 723.

Die Fabrikation des gedachten Oels geschiehet durch eine Art von Verschweelung, fast nach derselben Art wie in den Therbrennereyen. Die Nachrichten über die Zubereitung dieses Oels verdanken wir den Herren Pallas und Lepechin; ich werde dasjenige was sie uns darüber mitgetheilt haben, hier im Auszuge erörtern, späterhin aber, meine eignen darüber angestellten Erfahrungen bekannt machen.

§. 724.

Die Zubereitung des Birkenöls ist ein vorzüglicher Erwerbszweig den Bauern im Dorfe Ural, nicht weit von Tabinsk in Nevianskoi in Sibirien. Die Landleute schälen die Rinde von den Birken vorzüglich zu der Zeit ab, wenn der Baum im Safte steht. Sie ziehen die schwarze Birke der weißen vor, und wählen lieber die Rinde von alten als von jungen Stämmen aus, weil die Letztern ein weniger zähes und dagegen mehr liquides Oel darbieten.

§. 725.

Ist eine gehörige Quantität Birkenrinde abgeschält worden, so wird sie zu einem ausgebreiteten Haufen aufgeschichtet, und derselbe mit Gewichten oder Balken beschwert, damit die übereinander gehäufte Rinde sich nicht zusammenrollt, sondern der Haufen eine platte Tafel vorstellt; wozu wenigstens ein Wochenlanger Druck der Rinde erforderlich ist.

§. 726.

Um das Brennen des Birkenöls zu veranstalten, wird ein Platz mit thonigtem Boden ausgewählt, und auf demselben eine Kesselförmige Grube ausgegraben, die nach unten zu sich gleich einem Kegel immer mehr verengert, und deren Tiefe 20 bis 25 Fuß beträgt. Auf den Boden dieser Grube, der nicht viel über 13 Zoll Durchmesser hat, wird ein mit Thon bestrichner Kranz gelegt, und Furchen in denselben gebildet, welche dazu dienen den darauf abfließenden Theer oder das Oel in untergesetzte Rinnen abzuleiten.

§. 727.

In einer ziemlichen Entfernung von der ersten Grube, ist eine zweite tiefer gegraben angelegt, in derem Boden sich ein hölzerner Bottich placirt befindet, welcher dazu bestimmt ist, das Theerartige Birkenöl, welches aus der ersten Grube abfließt, durch eine mittelst verlängerten Rinnen zwischen beyden Gruben hervorgebrachte Communikation, in die zweyte Grube abzuleiten.

§. 728.

Soll die Operation des Brennens veranstaltet werden, so wird auf den oben bemerkten Kranz eine Halbkugel von Thon gestellt, in deren Oberfläche Furchen eingeschnitten sind, die mit den Furchen des Kranzes in Communikation stehen. Mittelst jenen Furchen läuft das ausgebratene Oel in die

Rinnen ab, und gelangt von da zur zweiten Grube; während jene Halbkugel, die in Rusland Maslik genannt wird, zugleich dazu dient, gegen das Ende der Operation das Herabfallen der Asche auf den Boden der ersten Grube, so wie das Hinabbrennen des Feuers bis zur Theermasse, zu verhindern.

§. 729.

Ist alles dieses vorbereitet, so werden die Seitenwände der ersten Grube mit Lindenholz ausgefuttert, und nun die Grube mit Birkenrinde ausgefüllt. Zu dem Behuf wird die Birkenrinde darin über einander geschichtet, und jede Schicht mit Stampfen so fest zusammen gestampft, daß alle Zwischenräume vollkommen ausgefüllt werden. So werden in eine Grube vier bis fünf Schichten, jede wenigstens zu vier Fuß Höhe über einander gethürmt.

§. 730.

Während so die Grube mit Birkenrinde ausgeschichtet wird, läßt man ohngefähr in der Mitte derselben einen hohlen Raum. Man belegt diesen erst mit Stroh, auf welches man denn Mist und andre schwer brennende Substanzen wirft, wobey nur kleine Zuglöcher übrig gelassen werden, um bey dem nachherigen Anzünden, die erforderliche Quantität Luft zu leiten zu können.

§. 731.

So vorgerichtet, wird nun an einem Luftstillen Tage, durch Hülfe der kleinen Löcher das Stroh angezündet, dieses theilt die Flamme der Rinde mit, welche sich mit Schnelligkeit entzündet. Ist der Brand bis zur Oberfläche der Rinde gelangt, so werden nun alle Zuglöcher mit Mist verstopft, so daß die Flamme nirgends durchschlagen kann, und das Ganze bloß einer schmauchenden Ausbrennung unterworfen bleibt: wobey aber beobachtet werden muß, daß die Rinde überall in einem gleichförmigen Glimmen erhalten wird, weil dieses und ein ruhiges Schmauchen, die Ausbeute an Birkentheer begünstiget.

§. 732.

Eine solche Grube erfordert ohngefähr 500 Fuhren Birkenrinde zum Anstellen, und liefert, wenn die Arbeit regelmäßig betrieben worden ist, gegen 700 Centner Produkt; und die ganze Operation wird in einem Zeitraum von zehn Tagen beendiget. Während dem Ausbrennen selbst, reguliren einige Arbeiter die Feurung, während andre damit beschäftigt sind, den schon fertigen Theer aus dem Bottiche der zweiten Grube auszuschöpfen, und solchen in Tonnen zu füllen.

§. 733.

So ist die Zubereitung des Birkentheers beschaffen, wenn solche durch vereinigte Gesellschaften im Großen veranstaltet wird; daher man auch einen solchen Brand einen Gesellschaftsbrand zu nennen pflegt. Es giebt aber auch einzelne Bauern, die sich mit der Zubereitung des Birkenöls beschäftigen, und diese bedienen sich dazu folgender Verfahrungsart.

§. 734.

Man bedient sich dazu Kesselförmiger Töpfe, die ohngefähr 32 Zoll tief, und im Boden mit einem kleinen Loche durchbohrt sind. Sie werden so dicht wie möglich mit Birkenrinde angefüllet, dann mit Ziegeln bedeckt, und so fest zugeschmiert, daß keine Oefnung übrig bleibt. Diese Töpfe werden hierauf ohngefähr sechs Zoll tief mit ihrem untern Theil in die Erde eingegraben, und zwar so, daß derselbe über einer in die Erde gegrabnen Rinne zu stehen kommt, die zu einer kleinen eingegrabnen Tonne fortführt. So vorgerichtet wird nun um die Töpfe herum Feuer gemacht, welches den Birkentheer ausbratet, der durch die Bodenöffnung des Topfs in die Rinne, und aus dieser in die Tonne abläuft.

Neue Versuche und Erfahrungen über die Zubereitung des Birkenöls.

§. 735.

Jenes ist die Verfahrungsart, nach welcher in Rusland der Birkentheer oder das Birkenöl zubereitet wird, wenn anders die Beschreibung welche wir Pallas und Lepechin vordanken eine vollkommne Richtigkeit hat. Mehrere russische Gelehrte, welche ich mündlich über diesen Gegenstand zu sprechen Gelegenheit fand, schienen an der Richtigkeit jenes Verfahrens zu zweifeln, und behaupteten, daß man außer der Birkenrinde noch eine andre Substanz in Anwendung setze, welcher jenes Oel den eigenthümlichen nicht unangenehmen Juftengeruch verdanke. Einige derselben wußten zwar nicht, mir jene Substanz zu nennen; andre waren aber der Meinung, daß sie in Pot oder wilden Rosmarin (Ledum palustre) bestehe, einer Pflanze die in Rusland häufig wächst, und sich durch einen vorzüglichen balsamischen Geruch auszeichnet.

§. 736.

Um daher zur Wahrheit zu gelangen, blieb mir nichts anders übrig, als mich durch eigne Erfahrungen davon zu überzeugen, was richtig oder unrichtig sey. Und um mit einem hohen Grade von Sicherheit arbeiten zu können, bediente ich mich der trocknen Destillation mittelst gläsernen Retorten aus dem Sandbade, damit nichts verloren gehen konnte, was an flüchtigen Theilen entwickelt werden mochte.

§. 737.

Ich sammlete die Rinde von der schwarzen so wie von der weißen Birke, schnitt solche in kleine Stücke, füllte damit eine weithälsige gläserne Retorte, küttete eine geräumige Vorlage an den Hals derselben, legte sie in ein Sandbad, und verrichtete nun die Destillation anfangs bey schwachem Feuer, welches nach und nach so weit verstärkt wurde, daß die Retorte zu glühen anfing. Die Destillation erfolgte unter den gewöhnlichen Erscheinungen: es ging ein braunes Fluidum in die Vorlage über, und es dunstete ein Gasförmiges Fluidum durch das Lutum hinweg, welches nicht wohl ganz zurückgehalten werden konnte.

§. 738.

Nach beendigter Operation fand sich in der Vorlage ein dickes schwarzes Oel, über welchem ein saures Fluidum stand; und in der Retorte blieb die Rinde in Form einer zusammen gesinterten Kohle zurück. Jenes Oel wurde von der sauren Flüßigkeit durch einen Trichter abgesondert: es zeigte aber nicht den Geruch des Juftenleders, sondern war von dem empyreumatischen Oel jeder andern Holzart nicht zu unterscheiden. Das säuerliche Fluidum zeigte alle Eigenschaften der Holzsäure.

§. 739.

Da die gebrauchte Rinde noch mit Theilen vom Splint zusammen hing, so war ich bemühet, von einem andern Theil bloß die weiße zähe Bedeckung, also die wahre Rinde abzuziehen. Sie wurde in kleine Stücke zerschnitten, und vier Pfund derselben aus einer gläsernen Retorte der Destillation unterworfen, die so lange fortgesetzt wurde, als noch etwas Flüßiges in die Vorlage übergieng, und bis zuletzt der Retortenboden einen glühenden Zustand annahm.

§. 740.

Bey dieser Operation zeigte sich gleich vom Anfang an der eigenthümliche Geruch des Juftenleders, welcher durch das Lutum drang, und sich allmählig im ganzen Hause verbreitete; und als die Destillation beendigt war, erhielt ich folgende Resultate. Die Retorte enthielt eine glänzende gleichsam zusammengeschmolzne Kohle, so wie sie vom destillirten Wachs übrig bleibt, welche 40 Loth wog. Die Vorlage enthielt zwey verschiedene Flüßigkeiten, ein saures Fluidum welches unten stand, und ein Oel welches oben schwam. Die Säure wog 15 Loth. Das Oel wog 75 Loth, die ganze Masse also 130 Loth. Es fand daher ein Verlust von 6 Loth statt, welcher im entwichnen Kohlenwasserstoffgas gesucht werden muß.

§. 741.

Jene Säure besaß alle Eigenschaften der brenzlichen Holzsäure, welche durch die trockne Destillation des Eichenholzes so wie des Birken- und Buchenholzes gewonnen wird, nur war sie weniger reich an wahren saurem Gehalt, als jene. Sie bestand also aus einem Gemenge von Kohlenstoffhaltiger Essigsäure und Gallussäure, wie man solches auch bey der Holzsäure findet.

§. 742.

Das gewonnene Oel zeichnete sich durch einen starken Juftengeruch, eine hellbraune Farbe, und einen sehr dünnflüßigen Zustand aus, wie man solches an den ätherischen Oelen wahrnimt. Dieses und daß es specifisch leichter als die darunter stehende Säure, ja selbst specifisch leichter als reines Wasser war, zeichnet jenes Oel sehr deutlich von demjenigen aus, welches der Splint und die holzigen Theile der Bikenrinde zu liefern vermögend sind, das sich mehr dem gemeinen Theer nähert.

§. 743.

Um die Anwendbarkeit jenes selbst gewonnenen Birkenöls zur Zubereitung des Juftenleders zu versuchen, habe ich mir durch alle Operationen vom Anfang an selbst ein solches Leder verfertiget, und solches unter den beschriebenen Handgriffen, nachdem dasselbe gefärbt worden war, mit jenem selbst gewonnenen Oel getränkt, und ich erhielt ein ganz vorzügliches Resultat.

§. 744.

Durch jene Erfahrungen ist es also erwiesen, daß das Birkenöl zur Fabrikation des Juftenleders, ohne einen weitern Zusatz, einzig und allein aus der Birkenrinde bereitet wird. Aber es ist auch erwiesen, daß wenn das Produkt einen vollkommen guten Zustand erhalten soll, eine reine von allem Splint und allen Holztheilen befreyete Rinde dazu ausgesucht und angewendet werden muß; und wir sehen daraus, daß für die deutschen Juftengerbereyen es keinesweges erforderlich ist, das dazu benöthigte Birkenöl mittelst einem sehr weiten Transport aus Rusland kommen zu lassen, das man selbiges vielmehr an jedem Orte Deutschlands wo Birken wachsen, aus ihrer dünnen lederartigen Rinde selbst fabriciren kann.

§. 745.

Nach dem eben erörterten Verhältniß berechnet, wird man aus 1000 Birkenrinde ohngefähr gewinnen: 550 Pfund Oel, 110 Pfund Holzsäure, und 290 Pfund Kohlen. Schlägt man den Werth von einem Pfunde Birkenöl auf ein und einen halben Groschen, vom Pfunde Holzsäure, als Bedarf für die Kartundruckereyen auf sechs Pfennige, und den vom Centner der dabey gewonnenen Kohlen auf acht Groschen an, so haben die Produkte aus 1000 Pfund Birkenrinde einen summarischen Werth von 37 Thaler 12 Groschen; und es verlohnt sich also sehr wohl der Mühe, die dünne Lederartige Rinde von den gefälleten jungen und alten Birkenstämmen zu sammlen, um durch die Fabrikation jener so nützlichen als verkaufbaren Produkte einen Nebenertrag daraus zu ziehen, der ihrem sonstigen Werthe gleichkommt, wo er ihn nicht noch übersteigt; da beym Verbrennen des Birkenholzes mit der Rinde, jene brauchbaren Produkte völlig unbenutzt verloren gehen.

§. 746.

Diejenigen, welche geneigt seyn möchten, die Fabrikation jener Produkte aus der Birkenrinde zu unternehmen, werden aber immer dahin zu sehen haben, daß sie außer dem Oel auch die Säure gewinnen. Aber wenn dies geschehen soll, so darf diejenige Methode nicht angewendet werden, deren sich die russischen Landleute bedienen, denn hiebey würde die Säure sich verflüchtigen, man würde das Oel nur allein, und zwar in geringerer Quantität gewinnen als ich angegeben habe, weil auch von diesem eine bedeutende Quantität, und zwar gerade der feinste Theil, verflüchtigt werden müßte.

§. 747.

Regelmäßiger wird man daher operiren, wenn die Birkenrinde aus großen eisernen eingemauerten Tubulatretorten destillirt wird, an deren mittelst blechnen Röhren verlängerte Hälse man hölzerne Fässer als Vorlagen applicirt, aus deren unterm Theil ein Heberförmig gebognes gläsernes Rohr aufsteigt, welches mit seiner obern Oefnung in ein andres Faß reicht.

§. 748.

Auf diese Art behandelt, steigt die unter dem Oel schwimmende Säure in dem Heberförmigen Rohr empor, und läuft in ein andres Faß ab. Sie macht also dem Oele Platz, dieses wird von der Säure befreyet, und man kann, nach der Größe der Vorlagen, die Destillation oft wiederholen, bis diese vom Oel erfüllet sind, während man die Säure nebenbey im reinen Zustande gewinnt.

§. 749.

Von solchen aus gegoßnem Eisen verfertigten Tubulatretorten, können mehrere nebeneinander in einem gemeinschaftlichen Ofen eingemauert seyn. Man stampft die Rinde darin so fest wie möglich. Man verklebt den Stöpsel ihrer tubulirten Oefnung mit Thon oder Lehm. Man öffnet ihn bey jeder beendigten Destillation, um die rückständige Kohle mit den Händen oder einer Krücke herauszuziehen, und die Retorte aufs neue mit frischer Rinde zu füllen. Auf diese Art gehet die Operation ununterbrochen fort, und die Erfolge sind eben dieselben, als wenn die Destillation aus gläsernen Retorten veranstaltet worden wäre.

Siebenter Abschnitt.

Von der Weißlohgerberey überhaupt, so wie von der Saffian- der Corduan- und der dänischen Lederfabrikation insbesondre.

§. 750.

Unter dem Namen Weißlohgerberey begreife ich hier zusammengenommen alle diejenigen Operationen der Gerbekunst, wobey zwar ein Gerbestoffhaltiges Mittel zur Lohgahrmachung angewendet wird, wobey man sich aber eines solchen gerbenden Materials bedienet, welches, wegen Mangel an färbenden Theilen, die damit gegerbten Häute wenig oder gar nicht färbt: wozu also die mit färbendem Stoffe reich beladene Eichenrinde auf keinen Fall mit glücklichem Erfolg angewendet werden kann.

§. 751.

Als besondre Arten der Weißlohgerberey, müssen füglich hieher gerechnet werden: 1) die Fabrikation des Saffians; 2) die Fabrikation des Corduans; 3) die Fabrikation des Dänischen Leders, welches gewöhnlich zu Handschuhen verarbeitet wird, und sich, so wohl durch seine gefällige Farbe, als durch seinen Glanz, und den sehr fein genarbten Zustand, so vortheilhaft auszeichnet.

§. 752.

Die Materialien deren man sich zur Gerbung der gedachten Lederarten bedient, bestehen vorzüglich in den Gallåpfeln, dem Schmack, der Granatschale, dem Rausch oder Preusselbeerenkraut, und den verschiedenen Arten der Weidenrinde. Uebrigens können hiezu noch alle diejenigen gerbenden Materialien des Pflanzenreichs ohne Unterschied angewendet werden, welche bey einem reichlichen Gehalt an Gerbestoff so frey wie möglich von inhärirenden Pigmenten sind.

§. 753.

Gerbende Materialien die färbende Theile enthalten, schaden zwar denn nicht, wenn jene Häute braun oder schwarz gefärbt werden sollen. Wenn solche aber für rothe, gelbe, blaue oder grüne Farben bestimmt sind, so taugen sie um so weniger, weil solche die das Leder an und für sich schon färben, nun die Produktion reiner angenehmer Farben auf seiner Oberfläche vermindern.

Erste Abtheilung.

Von der Saffian-Gerberey, oder der Fabrikation des Marroquins.

§. 754.

Das unter dem Namen Saffian und Marroquin bekannte und allgemein beliebte Leder, welches den letztern Namen wahrscheinlich daher erhalten hat, weil man solches für ein Marrokanische Erfindung hielt, wird insbesondere aus Bock- und Ziegenfellen zubereitet, und behauptet unter allen jetzt bekannten Lederarten, so wohl in Hinsicht der Schönheit als des Preises den größten Werth.

§. 755.

Wie alt die Erfindung des Saffians oder Marroquins sey, und wo solche zuerst gemacht worden ist, darüber finden wir nirgends etwas bestimmtes aufgezeichnet. Man weiß aber, daß lange vorher, ehe man in Europa von jenem Leder Kenntniß erhielt, solches schon zu den Zeiten der Araber in der Türkey fabricirt wurde; auch daß in den Marrokanischen Staaten, namentlich zu Fez und Tetuan bedeutende Fabriken davon florirten; und es ist zu vermuthen, daß man vor der Entdeckung von Amerika, sich statt der Cochenille des Kermes zur Darstellung der rothen Farbe bediente.

§. 756.

Noch jetzt blühen die Saffianfabriken zu Fez und Tetuan in den Marrokanischen Staaten; zu Diarbekir und auf der Insel Cypern in der Levante, so wie an mehrern Orten in Kleinasien. In Europa hingegen ist jene Kunst noch nicht volle 80 Jahr bekannt. Die Uebertragung derselben nach Europa, verdanken wir der Londoner Societät zur Aufmunterung der Künste, und dem Grafen Maurepas, vormaligen französischen Marine-Minister, welche beyde fast zu gleicher Zeit (im Jahre 1730), durch

dazu

dazu geschickte Männer jene Kunst erlernen, und sie hierauf in England und Frankreich in Ausübung setzen ließen.

§. 757.

Während die Londoner Societät einen gebornen Armenier Namens Philippo zu dem Behuf nach Kleinasien reisen ließ, sandte der Graf Maurepas einen Franzosen Namens Granger nach der Levante. Eben so soll auch der vormalige Russisch Kayserliche Kollegienrath Reineggs, bey seinem mehrjährigen Auffenthalte in Orient, über die Fabrikation des Saffians zu Tokat in Kleinasien eine genaue Instruktion in seinen Papieren hinterlassen haben, wovon aber nichts Näheres bekannt worden ist. Späterhin ist uns von Herrn Broussonet (französischen Handels Agenten zu Mogador) auch über die Marrokanischen Fabriken dieser Art, eine ziemlich ausführliche Nachricht mitgetheilt worden.

§. 758.

Außer den Saffianfabriken in der Levante, in Kleinasien und den Marrokanischen Staaten, befinden sich dergleichen auch in Persien, deren Produkte aber denen der Erstern in jedem Betracht weit nachstehen. Eine ausführliche Darstellung der verschiedenen Verfahrungsarten welcher die Saffianfabriken jener Länder sich bedienen, um ein und eben dasselbe Fabrikat zu produciren, wird uns in den Stand setzen eine Vergleichung jener Methoden darauf zu gründen.

§. 759.

Jenen verdienstvollen Bemühungen der Londoner Societät und des Grafen von Maurepas, verdanken wir die jetzt auch in Deutschland ziemlich bekannte Kunst der Saffian-Fabrikation: sie ist zunächst aus England wo man nach der von Philippo mitgetheilten Beschreibung, mit glücklichem Erfolg arbeitete, und aus dem Ober-Elsas, wo man zu St. Hippolite im Jahr 1749 die erste Saffianfabrik nach Levantischer Art etablirte, zu uns gekommen.

§. 760.

Späterhin etablirte ein gewißer Binkebanck zu Halle in Schwaben eine bedeutende Saffianfabrike; und noch jetzt findet man zu Calw im Würtembergschen und andern Städten jenes Landes ziemlich bedeutenden Anstalten dieser Art; so wie jene nützliche Fabrikation sich nach und nach auch in vielen andern deutschen Staaten ausgebreitet hat.

§. 761.

Ursprünglich fabricirte man bloß rothen, gelben und schwarzen Saffian, welches in den Levantischen, den Marokanischen und den Asiatischen Provinzen gegenwärtig auch noch immer die Hauptfarben sind, die man dem Saffian ertheilt; zu welchen man erst späterhin auch noch die grüne Farbe gesellet hat. Aber die englischen und deutschen Fabriken haben den Geschmack auch durch andre Farben zu befriedigen gesucht; daher findet man gegenwärtig, außer den obengenannten, jetzt blaue, violette, braune und graue Saffiane; und die Abwechselung des Geschmacks darf es nur gebieten, um auch buntgedruckte darzustellen, welches wenigstens mit keinen Schwierigkeiten verbunden ist.

§. 762.

Die Fabrikation des Saffians, ist von der gewöhnlichen Gerbungsart sehr abweichend. Aber sie ist nicht an allen Orten dieselbe; und insbesondre hat man sich in den jetzt bestehenden deutschen Fabriken mancherley Abänderungen erlaubt, die auf die Güte des Fabrikats einen bedeutenden Einfluß haben. Um daher diejenigen Gerber oder Saffianfabrikanten, welche sich von der Saffianfabrikation in verschiedenen Ländern eine gründliche Kenntniß verschaffen wollen, um Nutzen daraus zu ziehen, damit bekannt zu machen, werde ich hier erst eine Beschreibung der verschiedenen Verfahrungsarten mittheilen, deren man sich in den Marrokanischen Staaten, in der Levante, und in den Russischen Provinzen bedienet, und denn dasjenige hinzufügen, was mich eigne Versuche und Erfahrungen darüber gelehrt haben.

Fabrikation des Saffians zu Fez und Tetuan, in den Marrokanischen Staaten.

§. 763.

Man bedient sich hier zur Saffianfabrikation der Häute von Böcken und Ziegen. Um sie zu enthaaren, werden sie nach gewöhnlicher Art im Kalkäscher behandelt, und hierauf in fließendem Wasser gespühlt. Um aber auch die letzten noch zurückgebliebnen Haare vollkommen hinweg zu schaffen, und der Narbenseite eine völlig reine Oberfläche zu geben, wird dieselbe mit gebranntem Kalke bestreuet, der an der Luft zerfallen, oder mit dem vierten Theil seines Gewichts von reinem Wasser gelöscht worden ist. Man schichtet sie übereinander, damit dieser Kalk von der den Häuten noch adhärirenden Feuchtigkeit durchdrungen, und seine Einwirkung auf die rückständigen Haare begünstiget wird; man spühlt sie hierauf in fließendem Wasser wohl aus, wäscht sie dann noch einmal mit Milchwarmen Wasser nach, und nachdem sie eine Nacht über im Wasser gelegen haben, werden solche über hölzernen Stangen aufgehängt, damit das eingezogne Wasser abtröpfeln kann.

§. 764.

Sind die Häute auf diese Art vorgerichtet, dann werden sie gekleyet. Zu dem Behuf werden 30 Bündel der enthaarten Häute, jedes zu sechs Stück, oder zusammen 15 Dutzend, mit Weizenkleye so geschichtet, daß jede einzelne Haut auf beyden Seitenflächen vollkommen damit bedeckt wird. Sie werden hierauf übereinander gelegt, nochmals mit Kleye emballirt, ein Paar Stunden in einem Fasse mit Wasser eingeweicht, damit die Kleye in allen Punkten vom Wasser durchdrungen werden kann, und denn acht bis zwölf Tage, oder überhaupt so lange liegen gelassen, bis solche einen hohen Grad von Geschmeidigkeit angenommen haben. Zu dieser Behandlung wird auf jede einzelne Haut ohngefähr $1\frac{1}{4}$ Pfund trockne Kleye erfordert.

§. 765.

Ist diese Operation beendiget, so werden die geschichteten Häute auseinander genommen, in ein Gefäß mit Wasser gelegt, darin mit bloßen Füßen getreten, um sie von allen Schleimtheilen der Kleye zu befreyen, und hierauf in ein Feigenbad gebracht; welches dazu bestimmt ist, die Geschmeidigkeit der Häute eines Theils noch zu vermehren, andern Theils aber, ihnen zur nachherigen Annahme der Farben, eine hinreichende Prädisposition zu ertheilen.

§. 766.

Um das Feigenbad zu veranstalten, werden für die Anzahl von 30 Bündel oder 15 Dutzend Häute, 140 Pfund trockne Feigen (§. 330.) in einem steinern oder hölzernen Mörser zerstampft, oder auch in kleine Stücke zerschnitten, diese hierauf, am besten in einem zinnernen Kessel, mit 400 Pfund reinem Flußwasser übergossen, eine Stunde lang damit im Sieden erhalten, und nun die Abkochung in einen hölzernen Bottich gebracht. Ist diese Abkochung bis zur Temperatur der Milchwärme abgekühlt, so werden die vorhergekleyeten Häute in dieses Bad gebracht, einigemal wohl darin herumgearbeitet, und vier bis sechs Tage lang darin ruhend gelaßen.

§. 767.

Ist auch diese Operation vollendet, so bekommen die Häute ein Salzbad. Zu dem Behuf nimmt man jede Haut aus dem Feigenbade einzeln heraus, reibt sie auf beyden Flächen recht wohl mit Salz ein, und taucht sie hierauf abermals in dem Feigenbade unter, worin die Häute nun abermals fünf bis sechs Tage liegen bleiben, während welcher Zeit solche oft umgekehrt, und zuweilen umgearbeitet werden müssen. Die Häute werden hierauf aus dem Bade herausgenommen, auf Stangen geschlagen, und wenn die überflüßige Feuchtigkeit abgetröpfelt ist, jede Haut einzeln zum zweytenmal mit Salz eingerieben, und nun sämmtliche Häute in einem leeren hölzernen Gefäße übereinander geschichtet, worin sie abermals fünf bis sechs Tage liegen bleiben, um in allen Punkten vom Salze recht wohl durchdrungen zu werden; worauf sie herausgenommen und vollkommen ausgerungen werden, um sie von der anklebenden Feuchtigkeit möglichst zu befreyen: und nun sind sie zur Annahme der rothen Farbe vorbereitet.

§. 768.

Sollen die Häute roth gefärbt werden, so bedient man sich hiezu entweder der Cochenille oder des Brasilienholzes, je nachdem man ein schönes oder ein ordinaires Roth produciren will; auch wendet man hierzu wohl eine sehr feine Art Färberröthe oder Krap an. Wird die Cochenille angewendet, so rechnet man für zehn Bündel oder fünf Dutzend Häute, sechszehn Loth feine Cochenille und sechs Loth Alaun, woraus durch das Abkochen mit reinem Flußwasser eine Flotte bereitet wird. Soll hingegen die Färbung mit Brasilienholz veranstaltet werden, so gebraucht man auf eine gleiche Anzahl Häute zwey Pfund Brasilienholz und sechs Loth Alaun, woraus gleichfalls durch das Abkochen mit Wasser eine Farbenbrühe bereitet wird; und eben so operirt man mit der Röthe, nur daß diese nicht gekocht werden darf, sondern bloß bey einer Temperatur von höchstens 70 bis 75 Grad Reaumür ausgezogen werden muß, weil ein höherer Grad der Temperatur die Farbe der Röthe verschlechtert.

§. 769.

Um in einer oder der andern jener rothen Farbebrühen, das Ausfärben der Häute zu veranstalten, werden dieselben jede einzelne Haut für sich, mit der Flächen der Fleischseite übereinander gelegt, oder auch wohl an den Kanten zusammengenähet, und nun eine Haut nach der andern, in der

Brühe so lange hin und her gezogen, bis solche die erforderliche Intensität der Farbe angenommen haben, worauf man solche mit der Fleischseite über einen Baum schlägt, das Absondern der Feuchtigkeit durch Ausstreichen mit den Händen befördert, und hierauf die Häute an einem schattigen Orte trocknen läßt.

§. 770.

Ist das Rothfärben der Häute vollendet, so schreitet man zum Gerben derselben. Zu dem Behuf bedient man sich hier der äußern Schaale von Granatfrüchten (§. 337.), welche zu dem Behuf mit dem vierten Theil ihres Gewichts Alaun vermengt, und mit heißem Wasser extrahirt werden, so daß man von jedem Pfunde der trocknen Granatenfruchtrinde, zwey gute Pfund gerbender Flüssigkeit gewinnt. Von einer solchen Gerbebrühe, werden für fünf Dutzend der vorbereiteten Häute zum ersten Einbringen in dieselbe, 50 Pfund gerechnet. Man ziehet erst jede einzelne Haut einige Minuten lang darin herum, bevor man sie wirklich untertaucht; und wenn die Häute acht Tagelang in der gerbenden Brühe gelegen haben, werden sie herausgenommen, und noch sechs Tage lang in eine frische Brühe gebracht, worauf sie die Gahre erhalten haben.

§. 771.

Ist die Gerbung vollendet, so werden die gegerbten Häute mit Wasser rein abgewaschen und an einem schattigen Orte aufgehängt, um halb austrocknen zu können. Sie werden hierauf auf eine Tafel mit der Narbenseite ausgebreitet, und auf der Fleischseite mit Baumöl eingerieben, um ihnen eine größere Zähigkeit und Geschmeidigkeit zu ertheilen, worauf man sie vollends austrocknen läßt. Sie werden hierauf mittelst einen Schwamm mit wenigem Wasser wieder angefeuchtet, worauf die Fleischseite mittelst dem Schlichtmond gereinigt und gebuct, die Narbenseite aber geglättet, gekrispelt, und appretirt wird. Sie sind nun Kaufmannsguth, und werden in den Handel gebracht.

§. 772.

So operirt man zu Fez und Tetuan zur Fabrikation der rothen Saffiane oder Marroquins. Die Gelben werden ganz nach derselben Art behandelt, nur mit dem Unterschied, daß die zu den gelben Saffianen bestimmten Häute vorher fertig gegerbt werden, bevor man ihnen die Farbe giebt, wogegen die rothen erst gefärbt und dann gegerbt werden. Zur Darstellung der gelben Farbe, bedient man sich einer mit Alaun und Wasser gemachten Abkochung der Kreuzbeeren (§. 325.), in welche die gegerbten Häute, nach dem sich die Brühe vorher abgekühlt hat, eben so wie die rothen behandelt werden, bis solche den gehörigen Grad der Farbe angenommen haben. Wie in den Marrokanischen Fabriken die schwarze Farbe gegeben wird, davon findet man bey Herrn Broussonet nichts aufgezeichnet.

Fabrikation des Saffians zu Tokat in Kleinasien.

§. 773.

Nach der von Philippo darüber mitgetheilten Beschreibung, werden die rohen an der Luft ausgetrockneten Bock- und Ziegenfelle vorher drey Tage lang in fließendes Wasser eingeweicht, und hierauf die Fleischseite mit einem Schabeeisen geputzt und geebnet, worauf sie nochmals zwey Tage ins Wasser gebracht werden, da man sie dann auf Stangen hängt, und die Feuchtigkeit abtröpfeln läßt. Hierauf werden sie abermals mit dem Schabeeisen auf der Fleischseite bearbeitet; und dann so zusammen geschlagen, daß die Haarseite nach außen kommt.

§. 774.

In diesem Zustande werden nun die Häute in Rahmen gespannt, und fünf bis sechs Tage oder überhaupt so lange in dem Gerbehause aufbewahrt, bis die Haare sich absondern laßen. Sind diese ausgerupft, so kommen die Häute drey Wochenlang in einen Kalkäscher, während welcher Zeit solche alle sechs bis sieben Tage einmal herausgenommen und auf beyden Seiten durchgearbeitet werden. Nach dieser Operation wird jede einzelne Haut zehnmal hintereinander mit frischem Wasser gewaschen, worauf die Häute ein Kleyenbad bekommen.

§. 775.

Zu dem Behuf werden die mit Wasser gereinigten Häute mit den Händen gut ausgedrückt und ausgestrichen, um die rückständige Wäßrigkeit möglichst daraus abzusondern. Hierauf übergießt man für jede Anzahl von fünf Häuten drey Pfund Weizenkleye, mit drey Quart siedend heißem Flußwasser, rührt alles wohl untereinander, und läßt das Breyartige Gemenge bis zur Temperatur der Milchwärme abkühlen.

§. 776.

In dieses Kleyenbad werden nun die Häute, jede einzeln eingelegt, und drey Tage lang darin liegen gelaßen. Hierauf werden sie heraus genommen, mit den Händen wohl geknetet, denn abermals in das Kleyenbad gebracht, und noch zwey Tage lang darin liegen gelaßen. Alsdann werden die Häute nochmals herausgenommen, einzeln zwischen den Händen stark durchgerieben, die Feuchtigkeit ausgepreßt, und die daran klebenden Theile der Kleye, von beyden Flächen abgeschabt.

§. 777.

Nach dieser Vorbereitung im Kleyenbade erhalten nun diejenigen Häute welche roth gefärbt werden sollen ein Honigbad. Auf vier Häute werden zu dem Behuf ein Pfund Honig, und eben so viel Weizenkleye mit drey Quart siedend heißem Wasser übergossen, alles wohl untereinander gerührt, und das Gemenge in Ruhe gelassen. Hat jenes Gemenge sich bis zur Milchwärme abgekühlt, so wird eine Haut nach der andern darin eingetaucht, und darin mit den Händen wohl gerieben und geknetet.

§. 778.

Ist dies geschehen, so wird jede einzelne Haut zusammengerollet, so daß die Fleischseite nach innen zu liegen kommt, man legt dann die aufgerolleten Häute in eine Schüssel oder ein anderes schickliches Gefäß, nebeneinander, und giebt dem Gefäße eine geneigte Stellung, damit die freywillig aus den Häuten herausdringende Feuchtigkeit abfließen kann. So läßt man die mit jener Masse durchdrungner Häute acht Tage oder auch länger behaaren; wobey eine saure Gährung erfolgt, und die Häute merklich aufschwellen.

§. 779.

Ist jene Gährung oder Schwellung der Häute vollendet, so werden solche um den achten oder neunten Tag aus dem Gefäße genommen, und nun jede Haut einzeln mit einem halben Pfunde Küchensalz von allen Seiten recht stark eingerieben. Sie ziehen sich hiebey aufs neue zusammen, und es entwickelt sich eine Quantität Feuchtigkeit daraus, die mit den Händen ausgedrückt wird.

§. 780.

Ist auch diese Operation beendigt, so werden die Häute von beyden Seiten abgeschabt, um sie von dem daran klebenden Salze und andern Unreinigkeiten so wie der überflüssigen Feuchtigkeit zu befreyen; worauf die Narbenseite einer jeden Haut zum zweytenmal mit trocknem Salze bestreuet, und solches mit der Hand recht gut eingerieben wird. Man legt hierauf die Häute mit den Narbenflächen übereinander, bestreuet auch die Fleischseite mit Salz; und reibt nun die Häute in allen Punkten, um das Einziehen des Salzes zu befördern; wozu für jede Haut noch anderthalb Pfund Salz erforderlich sind.

§. 781.

So zusammengeschlagen werden nun jene gesalzten Häute, eine über die andre, zwischen zwey Bretter gelegt; man beschwert das obere Brett mit Gewichten, um den Druck zu vermehren, und giebt dem Ganzen eine geneigte Stellung, damit die Feuchtigkeit nach und nach ausgepreßt und abgesondert wird. In diesem gepreßten Zustande läßt man die Häute zwey Tage oder so lange beharren, bis solche gefärbt werden sollen.

§. 782.

Um nun die rothe Farbe, und zwar für vier Stück Häute zu verfertigen, bringt man 14 Loth trocknes Salzkraut

(Salicornia herbacea) in einen verkleinerten Zustand, bindet solches in einen Beutel von Leinwand, übergießt dasselbe in einem kupfernen Kessel mit 10 Pfund Wasser, bringt das Ganze zum Sieden, und unterhält solches während 15 Minuten darin. Man nimmt nun den Beutel heraus, setzt der Flüssigkeit zwey Quentchen Granatenfruchtrinde, sechs Quentchen Kurkumewurzel, sechs Loth zart gepulverte Cochenille, nebst einem Loth Zucker zu, läßt alles 15 Minuten lang sieden, und nun ist die Flotte zur rothen Farbe vorbereitet.

§. 783.

Um das Färben der Häute mit jener Brühe zu veranstalten, füllet man den vierten Theil derselben in eine flache Schaale, läßt sie bis zur Temperatur der Milchwärme abkühlen, und taucht nun eine der gesalzten Häute hinein, nachdem die Fleischflächen vorher übereinandergelegt worden sind, reibt sie mit der Hand um das Anfallen der Farbe zu begünstigen, nimmt dann die Haut heraus, und läßt sie abtröpfeln. Man bringt solche nach einiger Zeit wieder in die Farbenbrühe, nachdem man vorher die Feuchtigkeit ausgedrückt hat; und wiederholt dieses Eintauchen zehnmal hintereinander. So wird nun auch jede der übrigen Häute bearbeitet, indem jeder einzelnen der vierte Theil der Farbe gegeben wird: worauf nun die Häute auf einem schief gestellten Brette ausgebreitet werden, damit sie vollkommen austropfen können.

§. 784.

Ist jene Färbung der Häute vollendet, so schreitet man nun zum Gerben derselben. Zu dem Behuf werden acht Loth der feinsten weißen Galläpfel in einem marmornen Mörser gepulvert und durch ein Sieb geschlagen, mit drey Quart Wasser übergossen und damit wohl untereinander gerührt. In dieses Gemenge bringt man nun die gefärbten Häute, arbeitet solche einigemal wohl durch, faltet denn jede einzelne sechzehnfach zusammen, und läßt sie 24 Stunden lang darin liegen. Hierauf werden sie nochmals in der Brühe wohl durchgearbeitet, denn herausgenommen, und auf beyden Seiten gut abgeschabt, um die erste Gerbebrühe daraus abzusondern.

§. 785.

Man bringt sie nun in eine zweyte Brühe aus acht Loth Galluspulver und drey Quart Wasser, bearbeitet solche dreyviertel Stunden lang darin, faltet sie dann wie das erstemal zusammen, und läßt sie drey bis vier Tage darin liegen. Am vierten Tage wird jede Haut einzeln herausgenommen, sieben bis achtmal in reinem Flußwasser wohl gespühlt, und so dann an einem schattigen Orte zum Trocknen aufgehängt: sie erscheinen nun gegerbt.

§. 786.

Wenn die so bearbeiteten Häute meist trocken sind, so werden sie auf der Fleischseite geschlichtet, hierauf über einer Tafel ausgespannt, und auf der Narbenseite mit einer gläsernen Kugel geglättet: worauf jede einzelne Haut auf der Fleischseite mit einem Quentchen Olivenöl eingerieben wird. Ist auch dies geschehen, so werden sie wieder auf einer Tafel ausgebreitet, und dann gekrispelt, um ihnen die gehörige Narbung zu ertheilen: sie werden nun zusammengerollt, und als Kaufmannsguth in den Handel gebracht.

§. 787.

Jenes sind die Manipulationen deren man sich zur Darstellung des rothen Saffians bedient. Soll der gelbe Saffian zubereitet werden, so wird folgendermassen operirt. So wie die Häute aus dem Kleyenbade gekommen sind, werden sie gleich gegerbt, ohne vorher gefärbt worden zu seyn.

§. 788.

Zu dem Behuf werden 16 Loth fein zerstoßne Galläpfel mit zwey Pfund Flußwasser angerieben. In diesem Gemenge werden die Häute eine Stunde lang recht gut herumgearbeitet. Ist dies geschehen, so werden die Häute zusammengelegt, hierauf der Länge nach, und zwar so zusammengerollt, daß die Fleischseite nach Außen zu liegen kommt, dann wieder in jenes gerbende Gemenge eingelegt, und zwar so, daß eine auf die andre drückt, in welchem Zustande sie zwey bis drey Tage liegen bleiben. Am dritten Tage werden sie aufs neue in der Masse herumgearbeitet, hierauf aber mit einem Messer von Elfenbein geschabt, um die daran sitzenden Galläpfel hinweg zu nehmen.

§. 789.

Hierauf kommen diese vier Häute in ein neues Gemenge von zwey Pfund zerstoßnen Galläpfeln und drey Maaß Wasser, in welchem sie funfzehnmal recht gut durchgearbeitet werden. Hierauf werden sie zusammengelegt, wie vorher aufgerollt, und nun zum zweytenmal in die vorige Brühe eingelegt, worin sie noch zwey Tage liegen bleiben.

§. 790.

Am dritten Tage wird jede einzelne Haut mit sechzehn

Loth Küchensalz wohl eingerieben, und alsdann abermals einen Tag lang in die gerbende Brühe gebracht. Jetzt werden nun die Häute herausgenommen, und sechsmal in kaltem, so wie viermal in lauwarmen Wasser ausgewaschen. Hierauf werden die gegerbten Häute zwischen Bretter gelegt, und mit einer Last von 2 bis 300 Pfund beschweret, und diesem Druck eine halbe Stunde lang ausgesetzt, um die überflüssige Feuchtigkeit hinweg zu schaffen, worauf sie nun zum Färben vorbereitet sind.

§. 791.

Zur Darstellung der gelben Farbe für vier Häute werden 12 Loth gepulverte Kreuzbeeren und 12 Loth zerstoßner Alaun mit einander gemengt, und dieses Gemenge in drey gleiche Theile, jeden zu acht Loth abgetheilt. Man übergießt das eine Drittel in einem irdnen oder porzellanen Gefäße mit einem halben Quart siedend heißem Wasser, rührt alles wohl unter einander, und läßt nun die Flüssigkeit bis zur Temperatur der Milchwärme erkalten.

§. 792.

Man breitet nun eine Haut über einer Tafel aus, und zwar so, daß die Narbenseite nach oben zu liegen kommt. Auf diese Fläche gießt man den vierten Theil der Farbenbrühe, und breitet solche mit der Hand oder mittelst einem Schwamm gleichförmig aus, um das Einziehen derselben zu befördern; und eben so operirt man mit jeder einzelnen der drey übrigen Häute.

§. 793.

Ist so die erste Farbe gegeben, so schreitet man auf

eine gleiche Art zur zweyten und denn zur dritten, wozu die noch übrige Masse des Pulvers aus Kreuzbeeren und Alaun verwendet wird; indem man jede Portion für sich, nach der vorher beschriebnen Methode mit Wasser extrahirt.

§. 794.

Ist so die Färbung der Häute vollendet, so werden die gefärbten Häute zusammengeschlagen, die Narbenseite nach Außen, und eine Stunde lang aufgehängt, um sie auströpfeln zu laßen. Hierauf werden solche jede einzeln sechsmal hinter einander ausgewaschen, und dann eine Stunde lang unter die Presse gebracht; endlich aber in einer warmen schattigen Kammer zum Austrocknen aufgehängt. Die übrige Bearbeitung dieser gelben Häute, das Oelen so wie das anderweitige Appretiren, wird nun nach derselben Art veranstaltet, wie solches bey den rothen Häuten beschrieben worden ist.

Fabrikation des Saffians oder Marroquins in der Levante.

§. 795.

Die Methode deren man sich in der Levante bedient, um den Saffian oder Marroquin zu verfertigen, hat mit der Marrokanischen so wie mit der Asiatischen zwar einige Aehnlichkeit, weicht aber in vielen Manipulationen, vorzüglich in der Anwendung der Hundekothbeize wieder sehr davon ab. Eine ausführliche Beschreibung derselben verdanken wir Herrn Bojour, der sich als französischer Handelsagent

meh-

mehrere Jahre zu Salonichi aufhielt, und Gelegenheit fand, jene Kunst zu studiren.

§. 796.

Die Art und Weise wie die Türken den Saffian zubereiten, ist um so schwieriger zu erfahren, weil dort die Saffianbereiter eine Innung formiren, in welcher jedes Mitglied durch einen Eid zur strengsten Beobachtung des Geheimnisses verpflichtet wird. Kein Reisender findet Zutritt zu einer solchen Fabrik, und hört man ja einmal einen Mahomedaner davon reden, so ist das, was er sagt, entweder auf Betrug oder auf Unwissenheit gestützt. Herrn Bojour gelang es indessen, durch Mühe und Kostenaufopferung, eine genaue Uebersicht von jenem Verfahren zu erhalten, das im Folgenden bestehet.

§. 797.

Man verarbeitet in der Türkey so wie anderwärts Bock- und Ziegenhäute zu Marroquins, und zwar immer 36 Stück mit einemmal. Um die Häute zu enthaaren, werden solche in einen Kalkäscher eingebracht, worin sie drey bis vier Tage beharren; worauf sie herausgenommen, mit fließendem Wasser gut ausgewaschen, an einem schattigen Orte halb getrocknet, und dann übereinander geschichtet werden, um sich zu erhitzen. Wenn die Erhitzung so weit erfolgt ist, daß die Haare sich leicht lösen, so werden sie mit der Hand ausgerupft, und denn die Haut mit einem Schabeeisen nachgeputzt, wobey man aber sehr behutsam operiren muß, um die Haut nicht zu verletzen. Die ausgerupften Haare wer- dann verkauft.

§. 798.

Die so von den Haaren befreyeten Häute, werden hierauf abermals in einen Kalkäscher gebracht, um sie nun auch von dem überflüssigen Fleische auf der Fleischseite zu befreyen, welches denn gleichfalls mit einem Schabeeisen abgenommen wird. Ist dieses vollendet, so werden die gereinigten Häute zum zweytenmal in fließendem Wasser gut ausgewaschen, worauf sie nun in eine Beize von Hundekoth gebracht werden.

§. 799.

Um die Kothbeize zu verfertigen, werden für 36 Häute 30 Pfund trockner weißer Hundekoth in einem Kessel mit 30 Quart Wasser angerührt, ins Sieden gebracht, und unter stetem Umrühren eine Stunde lang darin erhalten. Ist diese Abkochung vollendet, dann läßt man die Brühe bis zur Temperatur der Milchwärme abkühlen, worauf solche als Beize zum Gebrauch geschickt ist.

§. 800.

Jetzt faßt der Arbeiter jede Haut einzeln an beiden Endzüpfeln mit den Händen, fährt damit auf der Oberfläche der Brühe einigemal ganz leicht hin und her, taucht sie hiebey immer tiefer in die Beize ein, und senkt sie endlich ganz darin unter. Ist dieses Verfahren mit jeder Haut einzeln beobachtet worden, und sind alle in der Beize untergetaucht, dann läßt man sie zwölf Stunden lang darin beharren.

§. 801.

Ist auch diese Operation beendiget, so werden die Häute aus der Kothbeize herausgenommen und in fließendem Wasser wohl gespült, um sie von allen Unreinigkeiten zu säubern, und hierauf in ein Kleyenbad gebracht, um die starke Zusammenziehung, welche die Häute in der Kothbeize erlitten haben, dadurch zu mildern, und möglichst zu vernichten.

§. 802.

Zu dem Behuf bereitet man einen Absud von Weizenkleye, indem man für jede Haut $1\frac{1}{4}$ Pfund Kleye und ein Quart Wasser rechnet, welches Gemenge unter stetem Umrühren 30 Minuten lang im Kochen erhalten wird. Man läßt jenes Bad bis zur Temperatur der Milchwärme abkühlen, worauf die aus der Kothbeize gekommenen Häute, eine nach der andern, hineingebracht, und fünf bis sechs Tage darin gelassen werden, während welcher Zeit man solche von Zeit zu Zeit einmal umwendet, damit sie von allen Seiten recht wohl von der Kleye durchdrungen werden; und sie haben nun einen milden geschmeidigen Zustand angenommen.

§. 803.

Jetzt werden die Häute aus dem Kleyenbade herausgenommen, in fließendem Wasser wohl ausgewaschen, auch wohl darin mit den Füßen getreten, um sie von allen anklebenden Theilen der Kleye zu befreyen, und hierauf möglichst gut ausgestrichen, um das adhärirende Wasser daraus abzusondern; worauf solche mit Küchensalz behandelt werden.

§. 804.

Um das Einsalzen der Häute zu veranstalten, wird jede Haut einzeln auf der Narbenseite mit einer Schicht Salz bedeckt, wozu etwa ein halb Pfund erforderlich ist, und hierauf die sämmtlichen Häute übereinander gelegt, in welchem Zustande solche acht Tage, oder überhaupt so lange liegen bleiben, als sich noch kein fäuliger Geruch erzeugt; denn die türkischen Saffianfabrikanten sind von der nützlichen Wirkung des Salzes so sehr überzeugt, daß sie die eingesalzten Häute oft zwey Monat lang liegen lassen, weil, wie sie sagen, das Salz die Haut stärkt und geschmeidig macht.

§. 805.

Jene die Salzbelze ausgestandenen Häute werden nun, ohne sie vorher zu spülen, in ein Feigenbad gebracht. Zu dem Behuf rechnet man für jede einzelne Haut anderthalb Pfund Feigen, oder für 36 Stück Häute überhaupt 54 Pfund. Man zerquetscht sie in einem hölzernen Mörser, übergießt sie in einem Kessel mit 50 Quart reinem Flußwasser, bringt die Masse ins sieden, und erhält sie unter stetem Umrühren eine Stunde lang darin; worauf diese Abkochung in eine hölzerne Wanne gegossen, und bis zur Temperatur der Milchwärme abgekühlt wird.

§. 806.

In jenes Bad werden nun die gesalzten Häute jede einzeln eingebracht, mit den Händen gerieben, und endlich darin völlig untergetaucht; worauf solche fünf bis sechs Tage, oder überhaupt so lange in diesem Feigenbade beharren, bis die rothe Farbe aufgetragen werden soll: denn nach der Meinung der türkischen Saffianfabrikanten, ist jenes Feigenbad weniger dazu bestimmt die Häute geschmeidig zu machen, als vielmehr solche zur bessern Annahme der Cochenille so wie andrer Pigmente zu disponiren.

§. 807.

Haben die Häute auch das Feigenbad überstanden, dann

bekommen sie noch eine Beize von Alaun. Zu diesem Behuf werden für jede einzelne Haut zwey Loth Alaun in einem Pfunde reinem Fluß- oder Regenwasser aufgelöst, in diese Lösung die Häute nach und nach eingetragen, 48 Stunden lang darin gelassen, und während dieser Zeit zuweilen ein paarmal umgewendet, damit die Alauntheile sich in allen Punkten gut einziehen können, in welchem Zustande sie nun zur Färbung geschickt sind.

§. 808.

Um die schönste rothe Farbe des türkischen Marroquins zu erzeugen, werden auf 36 Stück Häute, welche gemeiniglich hintereinander darin gefärbt werden, folgende Ingredienzen erfordert: ein Pfund zum feinsten Pulver zerriebne mexikanische Cochenille (§. 388.); zwölf Loth zerriebne Kurkumewurzel (§. 334.); vier Loth Guttägummi (§. 335); vier Loth arabisches oder Senegalgummi (§. 336); vier Loth Granatfruchtrinde (§. 337); vier Loth Citronensaft (§. 356.); vier Loth Alaun (§. 253.); und 120 Pfund reines Fluß- oder Regenwasser, welches keine erdige oder metallische Mittelsalze gelöst enthält.

§. 809.

Um aus jenen Ingredienzen die rothe Farbenbrühe zu bereiten, wird das Wasser in einem zinnernen Kessel zum Sieden gebracht, und, mit Ausnahme des Alauns, die übrigen vorher verkleinerten Ingredienzen hinzugethan, und alles so lange im Sieden erhalten, bis ohngefähr acht Pfund der Flüssigkeit verdampft sind; worauf nun auch der Alaun hinzukommt. So zubereitet wird nun die Flotte durch ein wollnes Tuch gegossen, in ein hölzernes Gefäß gefüllet, und zum Abkühlen hingestellt.

§. 810.

Soll das Färben der Häute veranstaltet werden, so werden solche, jede einzeln für sich, so wie sie aus der Alaunbeize kommen, mit der Fleischfläche übereinander geschlagen, damit die Narbenfläche welche allein gefärbt werden soll, nach auswärts zu stehen kommt. So zusammengeschlagen, faßt man nun die Haut an beyden Endzüpfeln mit den Händen, taucht solche in die Milchwarme Farbenbrühe ein, ziehet sie wieder heraus, und wiederholt diese Operation so oft, bis die narbigte Oberfläche der Haut die erforderliche Farbe angenommen hat, oder, wie die Türken sagen, bis sie Farbe genug getrunken hat. Ist dies erfolgt, so wird die Haut auf einen Schabebock geschlagen, und mit beyden Händen ausgedrückt, um die überflüssige Brühe daraus hinweg zu nehmen. So wird eine Haut nach der andern einzeln bearbeitet, bis sie alle gefärbt sind.

§. 811.

Nun schreitet man zum Gerben der roth gefärbten Häute. Zu dem Behuf bedient man sich einer Vermengung von Galläpfeln (§. 231.) und von Schmack (§. 292.). Auf jede einzelne Haut rechnet man ein halb Pfund Galläpfel und ein Pfund Schmack. Man zerstampft die Galläpfel vorher in einem steinern oder hölzernen, aber ja nicht in einem metallnen Mörser, zu Pulver; man mengt den Schmack darunter, übergießt das Gemenge mit zwey Quart siedend heißem Wasser, rührt alles wohl untereinander, und läßt die Brühe bis zur Temperatur der Milchwärme abkühlen.

§. 812.

In jene Brühe legt man nun die gefärbte, und wieder auseinander geschlagne Haut ein, bewegt solche eine Stunde lang mit der Hand hin und her, hierauf senkt man sie in der Flüssigkeit unter, doch so, daß sie schwimmend erhalten wird, und läßt sie nun vier bis fünf Tage darin liegen, bis die Gerbung vollendet ist; während welcher Zeit die Haut täglich ein paarmal herumgezogen, und die Brühe umgerührt werden muß. Ist die Gerbung vollendet, so wird die Haut herausgenommen, gestreckt, und, um ihr eine ebne Oberfläche zu geben, so wie die unreinen Theile davon hinweg zu nehmen, mit einem angefeuchteten Schwamme abgerieben. Jenes ist das Verfahren zum Gerben für eine einzelne Haut, und eben so wird mit allen übrigen operirt.

§. 813.

Sind die Häute gegerbt, so werden sie ausgestrichen, um die überflüssige Feuchtigkeit daraus hinweg zu schaffen, dann an einem schattigen Orte zum Trocknen aufgehängt, hierauf auf der Fleischseite geschlichtet, sodann geglättet, auf einer Marmortafel gekrispelt, um ihnen die erforderliche Narbung zu ertheilen; und sie sind denn Kaufmannsguth.

§. 814.

So ist das Verfahren der Türken beschaffen, um die rothen Saffiane zu produciren, worin sie so sehr Meister sind. Wollen sie die Farbe mehr ins Gelbe überführen, so setzen sie der Farbenbrühe eine größere Quantität Kurkumewurzel zu. Wollen sie die Farbe aber überhaupt mehr aufklären, so wenden sie einen kleinen Zusatz von Borax dazu an.

§. 815.

Zur Fabrikation des gelben Saffians wird ganz nach der vorher beschriebnen Art operirt, nur mit dem Unterschied, daß hiezu die Häute erst gegerbt werden, bevor man die gelbe Farbe aufträgt. Um solche zu erzeugen, bedient man sich einer mit Wasser gemachten Abkochung von gleichen Theilen Kreuz- oder Avignonbeeren (§. 325.) und Alaun; welche auf die Oberfläche der über einer Tafel ausgebreiteten Häute behutsam gegossen, und mit einem Lappen eingerieben wird; worauf die Appretur der Häute ganz nach der vorher beschriebnen Art veranstaltet wird.

Fabrikation des Saffians in verschiednen Provinzen Rußlands.

§. 816.

Rusland besitzt viele und bedeutende Saffiangerbereyen, unter welchen sich, in Hinsicht der Güte ihrer Fabrikate, die zu Astrachan so wie die zu Kasan vorzüglich auszeichnen. Auch in diesen Anstalten bedienet man sich eines Verfahrens, das mit dem schon beschriebenen mehr oder weniger Aehnlichkeit hat, aber in vielen Stücken auch wieder davon abweicht, und ins besondre was die Darstellung der rothen Farbe so wie auch der gelben Farbe betrifft, der in der Levante üblichen Methode ohnstreitig sehr nachgesetzt werden muß. Es wird daher nicht unnütz seyn, wenn ich hier eine Beschreibung der russischen Saffianfabriken mittheile, um nichts zu übergehen, was der Vollständigkeit nachtheilig seyn könnte.

Astrachanscher Saffian.

§. 817.

In Astrachan arbeitet man zur Fabrikation des Saffians folgendermaßen. Die vorher getrockneten Bock- und Ziegenfelle werden in einem Kübel mit Wasser 24 Stunden lang eingeweicht, sodann herausgenommen und mittelst dem Schabeeisen von dem überflüßigen Fleisch befreyet. Sie werden hierauf in einem Kalkäscher zur Enthaarung prädisponirt, dann enthaart, und nochmals 14 Tage lang in die Kälke gebracht.

§. 818.

Ist dies vollendet, so werden die enthaarten Häute abermals in reines Wasser eingelegt, und mit Füßen getreten, um sie wohl durchzuarbeiten, eine Operation die siebenmal hintereinander, jedesmal mit frischem Wasser wiederholt wird. Hierauf werden sie Paarweise mit der Haarseite übereinander gelegt, in einen Haufen zusammen geschichtet, und 24 Stunden in Ruhe gelassen. Sie werden hierauf zum zweytenmal im Wasser getreten, dann wieder zusammengelegt, und diese Operation überhaupt viermal hintereinander wiederholt, zwischen welcher Wiederholung sie jedesmal 24 Stunden lang übereinander geschichtet bleiben.

§. 819.

Von nun an kommen sie in ein hölzernes Gefäß, worin sie mit gepulverten weißem Hundekoth, für jede Haut zwey Pfund gerechnet, bestreuet, und mit Wasser übergossen, von welchem für jede Haut drey Pfund genommen wird. Mit diesem Gemenge werden sie eine viertel Stunde lang mit den Füßen zusammengetreten, denn herausgenommen, neunmal hintereinander mit reinem Wasser ausgewaschen, und mit einem Messer abgeschabt, worauf sie ausgebreitet und zum Auströpfeln aufgeschlagen werden, um die Feuchtigkeit daraus hinweg zu schaffen.

§. 820.

So zubereitet werden nun 25 Stück jener Häute in einem Gefäß mit Kleye von Weizen geschichtet, das Gefäß halb voll Wasser gegossen, und nun alles vier Tage lang in Ruhe gelassen. Hierauf werden 20 Pfund Honig mit 100 Pfund Wasser wohl aufgekocht, und diese Honigauflösung bis zur Temperatur der Milchwärme abgekühlt. In dieses Wasser werden nun die aus der Kleye genommenen Häute eingetaucht, dann sanft zusammengelegt, hierauf aber mit Brettern bedeckt, und mit Steinen belastet. Nach einem Zeitraum von vier Tagen, wird das am Boden des Gefäßes befindliche Loch geöffnet, damit das Fluidum abfließen kann.

§. 821.

Nun kommen die Häute in ein andres Gefäß, in welchem sich eine Auflösung von einem Pfunde Kochsalz in 50 Quart Wasser befindet. In dieser Salzlauge bleiben die Häute vier Tage lang liegen, worauf sie herausgenommen, ausgerungen, und abermals vier Tage lang in die Lauge gebracht werden; und nun sind solche zur Annahme der rothen Farbe vorbereitet.

§. 822.

Um die Färbung zu veranstalten, bringt man 100 Quart Wasser in einen Kessel, thut vier Pfund trockne Blätter vom gemeinen Beyfuß (Artemisia) hinzu, bringt das Fluidum zum sieden, und erhält dasselbe so lange darin, bis die Flüßigkeit eine gelbe Farbe angenommen hat; worauf das Kraut herausgenommen wird. Nun bringt man ein Pfund fein gepulverte Cochenille hinzu, und läßt das Fluidum wieder eine halbe Stunde lang wallen; worauf zwey Loth Alaun darin gelöst werden. Jene Farbenbrühe ist hinreichend um 25 Stück der vorbereiteten Häute damit zu färben.

§. 823.

Das Färben selbst wird folgendermaßen veranstaltet. Man läßt die Brühe in einem hölzernen Gefäße bis zur Milchwärme abkühlen, nimmt eine kleine Portion heraus, und bewegt die Narbenseite der Haut darin herum, nachdem solche vorher mit der Fleischseite fest übereinander geschlagen worden ist. Diese Operation wird mit jeder einzelnen Haut viermal hintereinander wiederholt, wobey die Haut nach dem ersten Auffallen der Farbe jedesmal ausgestrichen, und die ausgefärbte Brühe weggegossen wird. Sind alle Häute auf diese Art einzeln gefärbt worden, so werden sie in der noch übrigen Farbenbrühe eingelegt, nochmals darin recht gut durchgezogen, und nach dem Färben ausgestrichen, um sie von der Wäßrigkeit zu befreyen.

§. 824.

Nun schreitet man zum Gerben der gefärbten Häute. Zu dem Behuf werden 400 Pfund Eichenblätter (§. 309.)

in drey Theile getheilt. Den einen Theil bringt man in einen hölzernen Trog, gießt so viel milchwarmes Wasser darauf, daß daraus ein flüssiger Brey entstehet, bringt 25 Felle hinein, und läßt sie darin mit den Füßen so lange treten, bis das Wasser seinen zusammenziehenden Geschmack verloren, und einen süßlichen angenommen hat. Nun wird der zweyte Theil der Blätter eben so angebrühet, und die Häute darin bearbeitet; worauf sie in die dritte so zugerichtete Portion der Eichenblätter eingebracht werden; wobey zu beobachten ist, daß die Häute so oft als sie aus dem einen Bade herausgenommen werden, um in ein andres zu kommen, vorher allemal wohl ausgerungen seyn müssen.

§. 825.

Durch jene Operation erhalten die gefärbten Häute ihren gegerbten Zustand und die erforderliche Geschmeidigkeit. Ist sie vollendet, so werden die gegerbten Häute sorgfältig abgeschabt und gereinigt, denn noch einmal mit Wasser gewaschen, und hierauf mit Hanföl, oder auch Olivenöl, auf der Fleischseite, eingerieben, wovon für jede Haut etwa ein Loth erfordert wird. Hierauf werden sie vollends geschlichtet, geglättet, gekrispelt, und zum Verkauf appretirt.

§. 826.

Zur Fabrikation des gelben Saffians, wird in den Astrachanschen Fabriken anfänglich eben so wie zur Darstellung des rothen operirt. Aber sie erhalten kein Honigbad und kein Salzbad, und werden in der Gerbebrühe von Eichenblättern eine kürzere Zeit erhalten, als die rothen. Endlich werden solche auch vorher gegerbt, und dann erst gefärbt.

§. 827.

Die gelbe Farbe erzeugt man in den Astrachanschen Fabriken mit dem Kraute von Beyfuß und Alaun. Zu dem Behuf werden in einem Kessel 70 Quart Wasser zum Sieden erhitzt, dann 20 Pfund Beyfußblätter hinzugebracht, die vorher wohl zerschnitten seyn müssen, und jene Flüssigkeit eine Stunde lang unter öfterm Umrühren im Sieden erhalten; worauf man das Flüssige ausschöpft, und das rückständige Kraut zum zweytenmal mit einer kleinen Quantität Wasser auskocht, um demselben alles gelbe Pigment zu entziehen. In jener Farbenbrühe werden nun zwey Pfund Alaun aufgelöst, und wenn solche bis zur Milchwärme abgekühlt ist, so wird jede einzelne Haut zweymal damit gefärbt; zur anderweitiger Appretur aber eben so behandelt, als es bey den rothen Häuten beschrieben worden ist.

Kasanscher Saffian.

§. 828.

Die Kasansche Saffianfabrikation ist fast ein ausschlüssiges Gewerbe der Bauern zu Jagoduoje-Selo, drey Werste von der Stadt Kasan wo sich allein 33 solche Gerbereyen befinden. Sie bereiten rothe und gelbe Saffiane, die aber in Hinsicht der Schönheit den Levantschen, und selbst den Astrachanschen nachstehen; welches wohl allein in der Methode gegründet ist, deren sie sich dazu bedienen.

§. 829.

In den Kasanschen Fabriken geschieht die Enthaarung der Häute mit einem ätzenden Aescher, der aus Kalk und

Holzasche bereitet worden ist. Die enthaarten Häute erhalten hierauf eine Beize von Hundekoth, in welcher sie 24 Stunden bleiben, worauf so wohl die zur rothen als zur gelben Farbe bestimmten Häute, vorher gegerbt, und dann erst gefärbt werden.

§. 830.

Um das Gerben derselben zu veranstalten, werden die enthaarten und mit Wasser wohl gereinigten Häute folgendermaßen behandelt. Eine jede einzelne Haut wird in Form eines Beutels zusammen genähet, und derselbe mit so viel von dem zerkleinerten Strauch von der Bärentraube (§. 319.), oder auch vom Rausch oder der Preusselbeere (§. 320.) gefüllet als hineingehen will, welches für eine Haut, nach der verschiedenen Größe derselben, 8, 12 bis 16 Pfund beträgt.

§. 831.

So gefüllet werden nun gewöhnlich 50 Häute mit einemmal in einen Lohkasten eingelegt, mit Brettern bedeckt, und mit Steinen beschweret, hierauf aber mit Flußwasser übergossen. So behandelt, werden sie gemeiniglich schon in einem Zeitraum von 24 Stunden völlig Lohgahr, worauf das Kraut weggeworfen, jede Haut einzeln aber gut gespült wird.

§. 832.

So vorbereitet werden nun die gegerbten Häute gefärbt. Die rothe Farbe ertheilt man ihnen mit einem Absud von Brasilienholz (§. 328.) Alaun und etwas gebrannten Kalk. Die gelbe Farbe wird ihnen mit einem Absud von den Blumen der Färber Chamille (Anthemis tinctoria) und Alaun ertheilt; indem man auf 50 Stück Häute, den Absud von 20 Pfund jener Chamillen, und drey Pfund Alaun rechnet; worauf die gefärbten Häute zugerichtet, und appretirt werden.

Bemerkungen über jene verschiedenen Operationen zur Fabrikation des Saffians.

§. 833.

Hier haben wir eine Uebersicht der verschiedenen Operationsarten, deren man sich zur Fabrikation des rothen und gelben Saffians in verschiedenen Ländern bedient. Ich werde jede einzelne dabey übliche Operation näher entwickeln, und solche von der wissenschaftlichen Seite beleuchten; dann aber die Resultate meiner eignen darüber angestellten Erfahrungen mittheilen, und diese werden, wie ich mir schmeichle, hinreichend seyn, eine geordnete Methode in jene Fabrikenbranche zu bringen, nach welcher sie von jedem industriösen Gerber mit glücklichem Erfolg ausgeübt werden kann.

§. 834.

Daß die Kunst Saffian zu fabriciren für Deutschland kein Geheimniß mehr ist, beweisen die schönen Fabrikate dieser Art, welche in den Preußischen, so wie den Würtembergischen und vielen andern deutschen Staaten producirt, und in den Handel gebracht werden. Aber der oft sehr bedeutende Unterschied in der Güte und Schönheit der Farbe, wodurch jene Fabrikate sich auszeichnen, giebt uns andrerseits einen treffenden Beweis, daß bey weitem noch nicht alle Fabriken dieser Art einerley Grad der Zuverlässigkeit und Vollkommenheit besitzen; und ich werde daher vor allen Dingen bemühet seyn, ihnen diesen zu geben.

§. 835.

Wir haben gesehen daß die verschiedenen Operationsarten, welcher man sich in den Marrokanischen, den Levantischen, den Asiatischen, den Astrachanschen und den Kasanschen Fabriken zur Darstellung des Saffians bedient, in Hinsicht der dazu erforderlichen Vorbereitung der Häute, oft sehr bedeutend von einander abweichen; und es wird daher nothwendig seyn die Methode jeder einzelnen Operation zu analysiren, um ihren Werth danach zu beurtheilen; wobey ich jedoch einmal für allemal voraussetze, daß die Behandlung der Häute in der Kälke oder im Kalkäscher, sie mag nun mit bloßem Kalk oder mit Kalk und Holzasche veranstaltet werden, einen dreyfachen Zweck hat: 1) um die Haarwurzeln zu lösen; 2) um die Haut von der Epidermis (§. 369.) zu befreyen; 3) um selbiger die fettigen Gemengtheile zu entziehen. Jenes vorausgesetzt, wird also hier nun zu untersuchen seyn, worauf die Wirkungen des Hundekoths, die der Kleye, die der Feigen, die des Salzes, und die des Alauns gegründer sind.

Wirkung des Hundekoths.

§. 836.

Der Hundekoth ist ein Excrement, das aus denjenigen Theilen der durch den Darmkanal ausgeführten Nahrungsmittel bestehet, welche nicht als Nahrungsstoff der

Masse

Masse des Körpers assimilirt worden sind. Aber nicht jeder Hundekoth ist zum Gebrauch der Saffiangerberey tauglich, sondern nur derjenige welcher nach dem Trocknen weiß wird, und der schon in den frühesten Zeiten unter dem Namen weißer Enzian (Album graecum), selbst in der Arzneikunst, als ein Schweißtreibendes Arzneimittel gebraucht wurde.

§. 837.

Die Erfahrung lehret indessen, daß nur diejenigen Hunde einen solchen trocknen weißen Koth fourniren, welche häufig mit Knochen gefüttert werden. Da aber die Knochen aus Knochensubstanz (§. 215.) als ihrer festen Basis bestehen, welche zugleich Gallerte und Fett in sich gebunden enthält; und da wie die Chemie lehrt, die von ihren gallartigen und fettigen Theilen befreyeten Knochen allemal eine Verbindung von Kalkerde und Phosphorsäure zurücklassen: so ist es sehr wahrscheinlich, daß die weißen Excremente der Hunde, eine mit Phosphorsäure im Uebermaaß verbundene Kalkerde ausmachen, die nach Absonderung der Gallerte und des Fettes aus den Knochen, so wie durch die anderweitigen Veränderungen, welche die Knochen im Magen der Thiere erlitten haben, gebildet worden ist; welches durch eine genaue chemische Zergliederung des weißen Hundekoths, näher untersucht zu werden verdienet.

§. 838.

Andernseits lehret die Erfahrung, daß, wenn der weiße Hundekoth mit heißem Wasser angebrühet wird, derselbe zum Theil darin aufgelöst wird, und eine beynahe Seifenartige Flüssigkeit darstellet, deren Natur und Grundmischung aber gleichfalls noch gar nicht bekannt ist. Da indessen der Gebrauch des Hundekoths in den Saffiangerbereyen sehr deutlich lehrt, daß die aus der Kälke gekommnen Häute dadurch eine bedeutende Zusammenziehung erleiden, und wir von den mit Wasser verdünneten Mineralsäuren eine gleiche Wirkung auf thierische Häute wahrnehmen, wenn solche nicht zu lange darin behandelt werden: so kommt die Wirkung des Hundekoths wahrscheinlich auf Rechnung einer darin vorhandenen freyen Phosphorsäure zu stehen.

§. 839.

Wenn ich also, aus Mangel einen gegenwärtig existirenden chemischen Analyse des weißen Hundekoths, gleich außer Stande bin, eine genaue und bestimmte Beleuchtung seiner Wirkung zu geben; so muß ich doch andernseits die Frage hier aufwerfen: ob der Hundekoth auch wohl ein unumgänglich nothwendiges Requisit zur Darstellung eines vollkommen schönen Saffians oder Marroquins ist? oder ob derselbe zu dem Behuf nicht vielleicht ganz entbehrt werden kann?

§. 840.

Um jene Frage zu beantworten, muß ich auf die Fabrikation der Saffiane im Auslande zurückgehen. Wir haben gesehen, daß die Marrokanischen so wie die Asiatischen Saffianfabriken, sich des Hundekoths gar nicht bedienen, wogegen derselbe in der Levante und in den russischen Fabriken, zu Kasan und Astrachan, angewendet wird. Wenn es nun einerseits gleich bewiesen ist, daß gerade die Levantischen Saffiane gewöhnlich als die feinsten angesehen werden; und man hieraus zu schließen berechtigt seyn möchte, daß die

Kothbeize ein unumgänglich nothwendiges Requisit sey, so lehrt doch auch die Erfahrung, daß die Marrokanischen und Asiatischen Fabriken nicht viel weniger schöne Produkte liefern, ohne der Hundekothbeize dabey nöthig zu haben: woraus also folgt, daß sie so unumgänglich nothwendig nicht seyn kann, wie dieses auch aus meinen weiterhin zu beschreibenden eignen Erfahrungen hervorgehet.

Wirkung der Kleye.

§. 841.

Die Kleye ist ein Hülfsmittel dessen sich alle die beschriebnen Saffianfabriken ohne Unterschied bedienen, sie muß also als ein unentbehrliches Requisit angesehen werden. Ihre Wirkung selbst, kann auf eine zwiefache Art statt finden: einmal, indem sie vermöge ihrer im Bade aufgelösten schleimigen Theile die Rauhigkeit, welche die Häute durch den Kalk empfangen haben, mildert, und sie geschmeidig macht; zweytens, indem sie dabey eine saure Gährung eingehet, und Essigsäure erzeugt, welche einerseits die etwa noch in der Haut sitzenden Theile des Kalks auflöset und hinwegschaffet, andrerseits aber, indem sie auf die Gallerte und den Faserstoff der Haut wirkt, beyde nunmehr miteinander vereinigt, und eine Art von Schwellung in den Massentheilen der Haut veranlasset, welche die Zähigkeit des daraus gebildeten Leders begünstiget.

Wirkung des Küchensalzes.

§. 842.

Das Küchensalz (§ 248.) ist wie bekannt ein vollkommnes Neutralsalz aus Natron und Salzsäure gebildet. Seine Anwendung beym Einpökeln des Fleisches, der Fische, und andrer animalischer so wie selbst einiger vegetabilischen Substanzen, um sie dadurch vor der sonst eintretenden Fäulniß zu bewahren, beweiset hinreichend seine fäulnißwiedrige Kraft, und diese scheint es auch insbesondere zu seyn, welche das Küchensalz gegen die zu Saffian bestimmten Häute ausübt.

§. 843.

Wenn aber die türkischen Saffianfabrikanten der Meinung sind, daß das Salz zugleich dazu beytrage, die Biegsamkeit und Geschmeidigkeit der fertigen Leder zu begünstigen, so scheint diesem die Erfahrung zu wiedersprechen, da alles mit Salz eingepökelte Fleisch, selbst nach dem Kochen mehr hart als weich bleibt, und man ist berechtigt zu schließen, daß es mit den gepökelten Häuten eine gleiche Bewandniß habe.

§. 844.

Dagegen läßt sich aber mit mehr Wahrscheinlichkeit voraussetzen, daß das Salz einerseits die Fäulniß aufhält, welche außerdem während dem Fortgang der Operationen eintreten würde, andernseits aber auch die Häute zur Annahme der Farben prädisponirt: weil, wie die Erfahrung lehret, so wohl für Wolle als Baumwolle in der gewöhnlichen Färberey das Salz eine Grundlage oder Beize für viele Pigmente abgiebt, und weil solches außerdem auch noch dazu beytragen kann, durch sein Beharren in den Zwischenräumen der Häute, den hinzu kommenden Alaun zu entmischen, und eine Salzsaure Thonerde zu produciren, die so wohl für die Cochenille als für die gelbfärbenden Pigmente eine sehr schickliche Basis darbietet, welche hellere und glänzendere Farben als der bloße Alaun producirt.

Wirkung des Feigenbades und des Honigs.

§. 845.

Die Feigen (§. 330.) enthalten außer ihren kleinen Samenkernen ein markiges Wesen, welches aus Zucker, aus Schleim und aus einer geringen Menge Apfelsäure gemengt besteht. Werden solche mit Wasser angebrühet, so liefern sie eine Syrupartige Flüßigkeit, welche leicht der Weingährung so wie der Essiggährung unterworfen ist. Mit ihnen fast übereinstimmend, ist auch der Honig; und beyde können daher in ihrem Effekt gegen die Häute, gewissermaßen als gleichartig angesehen werden.

§. 846.

Auch diese beyden Substanzen, die Feigen und der Honig, scheinen eine zwiefache Wirkung gegen die Häute auszuüben: einmal dadurch, daß sie den Häuten Geschmeidigkeit ertheilen, und solche zugleich zur Annahme der Farben geschickt machen; zweitens dadurch, daß sie zum Theil in eine Fermentation übergehen, und dadurch die Massentheile der Häute mehr auflockern, wodurch die Biegsamkeit und Elasticität des fertigen Leders nothwendig viel gewinnen muß.

Wirkung des Alauns.

§. 847.

Der Alaun ist ein erdiges Mittelsalz (§. 253.)

mit vorwaltender Säure; seine Bestandtheile sind Thonerde, Schwefelsäure, und Schwefelsaures Kali. Die Thonerde allein ist derjenige Mischungstheil im Alaun, welcher sich mit allen Pigmenten so gern verbindet, und solche in verschiedenen Zeugen befestiget; und so ist sie es auch hier, welche der Alaun an die Häute absetzt, sie mögen roh oder schon gegerbt seyn, um sie zur Annahme der Farben vorzubereiten. Wir erkennen also hiebey eine Wirkung des Alauns, die derjenigen völlig analog ist, welche derselbe gegen andre Substanzen in der Färberey ausübt; und welche durch die Mitwirkung des Küchensalzes noch begünstigt werden kann.

Des Verfassers neue Erfahrungen über die Fabrikation des Saffians.

§. 848.

Es schien mir von jeher möglich zu seyn, daß die hier beschriebnen Methoden zur Fabrikation des Saffians einer Abkürzung und Verbesserung fähig seyn möchten, welche zugleich auf den selbst kostenden Preis derselben einen wichtigen Einfluß haben könne; und dieses veranlaßte mich zu eignen Versuchen über diesen der allgemeinen Technologie sehr wichtigen Gegenstand, deren Resultate ich, in so weit solche günstig ausfielen, hier mittheilen will.

§. 849.

Da, wie ich bereits bemerkt habe, die Methode des Enthaarens der Häute, wenn solche nur regelmäßig veranstaltet worden ist, auf den Erfolg der übrigen Operationen keinen bedeutenden Einfluß hat, so wurden die Häute zu dem Behuf ganz nach gewöhnlicher Art mittelst Kalkmilch enthaart, und denn von dem überflüssigen Fleisch auf der Fleischseite gesäubert. So zubereitet wurden sie nun in Stücke zerschnitten, so daß jede Haut in vier Theile zerfället worden war, und diese einzelnen Theile dienten mir nun zu Anstellung meiner Versuchsarbeiten.

Erster Versuch.

§. 850.

Da mir die in der Levante übliche Operationsart die beste zu seyn schien, so fing ich damit an, ganz nach derselben zu arbeiten, um mich von ihrer Brauchbarkeit zu überzeugen. Zu dem Behuf wurde der vierte Theil einer den Kalkäscher passirten und völlig enthaarten Ziegenhaut, nachdem solche vorher mit reinem Flußwasser achtmal hintereinander wohl gespült worden war, in eine Abkochung von 8 Loth trocknem weißen Hundekoth mit 12 Loth reinem Flußwasser eingebracht, nachdem solche bis zur Temperatur von 30 Grad Reaumür abgekühlt war. In dieser Brühe wurde die Haut 15 Minuten lang mit den Händen gerieben, darauf völlig untergetaucht, und in einem Zimmer, dessen Temperatur nicht unter 16 Grad Reaumür sank, zwölf Stunden lang darin liegen gelassen. Die Haut zeigte in diesem Zustande eine mäßige Härte und Steifigkeit, sie war also durch diese Hundekothbeize merklich verändert worden.

§. 851.

Nach Beendigung dieser Arbeit, wurde die Haut aus der Kothbrühe herausgenommen, um sie von allen anklebenden

den Unreinigkeiten zu befreyen, sechsmal hintereinander in fließendem Wasser ausgewaschen, hierauf aber in eine aus 8 Loth Weizenkleye mit 12 Loth Flußwasser gemachte, und bis auf 30 Grad abgekühlte Abkochung eingelegt, worin solche abermals bey einer Temperatur von 16 Grad, zwölf Stunden lang ruhig und in der Flüssigkeit völlig untergetaucht, liegen blieb. Beym Herausnehmen aus diesem Kleyenbade zeigte die Haut eine schlüpfrige Beschaffenheit, ihre vorige Härte war verschwunden, und sie ließ einen schwachen weinartigen Geruch erkennen. Sie wurde nun abermals viermal hintereinander mit Wasser ausgewaschen, und dann zwischen zwey Bretter gelegt und gepreßt, um die Feuchtigkeit daraus hinweg zu schaffen.

§. 852.

Jetzt wurde nun die Haut auf beyden Seiten mit 12 Loth trocknem Küchensalz recht stark eingerieben, dann mit der Haarseite nach innen zusammengerollt, in ein doppeltes Stück Leinwand eingeschlagen, dieses mit Wasser befeuchtet, hierauf das Ganze in einer porzellanen Schaale leicht belastet, und acht volle Tage hintereinander stehen gelassen, um in allen Punkten vom Salze möglichst durchdrungen zu werden.

§. 853.

Hierauf ließ ich 12 Loth Schmirnaische trockne Feigen in einem steinern Mörser zerstampfen, übergoß sie sodann in einer zinnern Pfanne mit 24 Loth reinem Flußwasser, und ließ das Ganze unter öfterm Umrühren funfzehn Minuten lang sieden; sodann aber die schleimig süße Brühe bis auf 30 Grad R. abkühlen. In diese Brühe wurde nun die gesalzte Haut, ohne sie vorher abzuwaschen eingelegt, und alle vier Stunden des Tages über ein Paarmal mit der Hand gerieben, geknetet, umgewendet, und wieder untergetaucht, welche Operation so wie das Beharren der Haut im Feigenbade, vier Tage lang unterhalten wurde.

§. 854.

Nachdem auch diese Operation beendigt worden war, nahm ich die Haut aus dem Feigenbage heraus, schabte die daran klebenden Unreinigkeiten mit einem hölzernen Messer ab, strich die Haut damit, um die überflüßige Brühe herauszuschaffen, und brachte die Haut nun in eine aus zwey Loth völlig Eisenfreyem Alaun und einem Pfund Wasser gemachte Auflösung, worin solche ein Paarmal gut herum gearbeitet wurde, und hierauf 24 Stunden liegen blieb.

§. 855.

Jetzt schritt ich zur Zubereitung der rothen Farbenbrühe. Zu dem Behuf wurde ein Quentchen der feinsten mexikanischen Cochenille in einem steinern Mörser zum zarten Pulver gerieben; hiezu 20 Gran gepulverte Kurkumewurzel; 8 Gran Guttägummi, 8 Gran Senegalgummi; 6 Gran gepulverte Granatschaalen, nebst 30 Tropfen Citronensaft gethan, und nun das Ganze mit 27 Loth reinem Flußwasser in einer zinnern Pfanne unter öfterm Umrühren mit einem hölzernen Stabe so lange gelinde gekocht, bis dem Umfange nach noch 24 Loth Flüssigkeit übrig waren; in welchen alsdann noch 8 Gran reiner Alaun gelöst wurden. So zubereitet, ließ ich nun diese Farbenbrühe bis zur Temperatur der Milchwärme abkühlen.

§. 856.

Jetzt wurde nun die Haut aus der Alaunauflösung herausgenommen, ohne sie zu spülen bloß ausgestrichen, mit der Fleischseite fest zusammen geschlagen, und dann in der Brühe so lang hin und her bewegt, bis die farbigen Theile auf die Haut aufgefallen, die Farbenbrühe aber ziemlich entfärbt worden war, in welchem Zustande ich die Haut nun noch ein Paar Stunden lang in der Brühe liegen ließ. Die Haut hatte eine sehr angenehme feurige hellrothe Farbe erhalten, so wie man sie am schönsten Marroquin zu erwarten berechtigt ist, und sie war nun zum Gerben vorbereitet.

§. 857.

Zu dem Behuf wurden jetzt 12 Loth fein gemahlner Schmack, und 4 Loth in einem steinern Mörser gepulverte Levantsche Galläpfel, mit einem Pfunde reinem Flußwasser angebrühet, das vorher bis auf 70 Grad Reaum. erhitzt worden war, und alles so lange mit einem hölzernen Spatel umgerührt, bis das Infusum auf 30 Grad abgekühlt war. In diese abgekühlte Brühe wurde dann die rothgefärbte Haut gebracht, 15 Minuten lang wohl darin hin und her gezogen, dann untergetaucht, und drey Tage lang darin erhalten, während welcher Zeit sie täglich nur zweymal umgewendet wurde; und sie hatte nun die vollkommenste Gahre erhalten, ohne daß das Feuer der Farbe vermindert worden war.

§. 858.

Die Haut wurde nun aus der gerbenden Brühe herausgenommen, gut ausgedehnt, denn alle daran klebende Unreinigkeiten mit einem nassen Schwamm wohl abgewaschen; und nun in einen Rahmen ausgespannt, an einem schattigen Orte so weit getrocknet, daß sie noch biegsam blieb. Sie wurde jetzt mit der Fleischseite über einen Marmortisch ausgebreitet, die Narbenseite hingegen mit einer gläsernen Kugel recht wohl geglättet, hierauf aber mit dem Krispelholze erst nach der Länge, und denn nach der Quere gekrispelt. Ich erhielt einen Saffian von der größten Schönheit.

§. 859.

Durch diese mit der möglichsten Genauigkeit angestellte Probearbeit, war ich vollkommen überzeugt worden, daß die von Herrn Bojour beschriebne Methode, wie der Saffian, und zwar der rothe insbesondre, in der Türkey bereitet wird, vollkommen richtig, gut, und praktisch brauchbar ist. Aber wer wird es läugnen, daß solche wegen dem Gebrauch der bey uns theuren Feigen das Fabrikat vertheuert; so wie, daß sie wegen dem Gebrauch der Beize von Hundekoth einigermaßen eckelhaft in der Ausführung ist? und ich war daher bemühet zu versuchen, ob, und in wiefern sie, ohne Nachtheil für den Erfolg, mehr vereinfachet, und zugleich wohlfeiler gemacht werden könne.

Zweyter Versuch.

§. 860.

Ich brachte den vierten Theil einer Ziegenhaut, so wie sie aus dem Kalk kam, ohne ihr eine Beize von Hundekoth zu geben, gleich in ein Kleyenbad, zu welchem ich zweymal so viel Weizenkleye angewendet hatte, wie im ersten Versuch, arbeitete die Haut recht wohl darin herum, und ließ solche dann so lange darin liegen, bis die Masse einen merklich sauren Geruch ausdünstete, und Lackmuspapier darin roth gefärbt wurde, welches in einem Zeitraum von vier Tagen der Fall war. Sie wurde nun herausgenommen, ich ließ sie hierauf alle die übrigen im ersten Versuch beschriebenen Operationen passiren, und erhielt einen Saffian, der von dem Erstern in keinem Betracht zu unterscheiden war: ein Beweis, daß die Beize vom Hundekoth, kein absolut nothwendiges Requisit ist, daß sie vielmehr völlig entbehrt werden kann.

Dritter Versuch.

§. 861.

Ich behandelte ein neues Stück Ziegenhaut, so wie sie aus dem Kalk kam, erst mit der doppelten Portion, nemlich mit 16 Loth Kleye, die mit 24 Loth Wasser abgekocht worden war, und ließ sie nun alle übrige Operationen durchgehen, gab ihr aber kein Feigenbad. Ich erhielt ein Leder, das weniger Zähigkeit und Elasticität als jenes besaß, und in der Farbe weit weniger Lüstre, als das vom ersten und zweyten Versuch zeigte: ein Beweis, daß bas Feigenbad zur Darstellung eines schönen Saffians ein nothwendiges Requisit ausmacht.

Vierter Versuch.

§. 862.

Ich wiederholte den dritten Versuch mit einem neuen

Stück Ziegenhaut, gab derselben aber statt des Feigenbades ein Bad von gekochten Birnen, welches ich für den vierten Theil einer Haut, aus 2 Pfund frischen süßschmeckenden Winterbirnen, die zu Brei zerstampft, und mit einem Pfund Wasser einmal aufgekocht worden waren, zubereitet hatte; ich ließ nun die so zubereitete Haut alle noch übrige Operationen durchgehen, und erhielt einen Saffian, der mit dem welchen mir ein Feigenbad gegeben hatte, vollkommen übereinstimmte.

§. 863.

So ist uns also in den süßen Birnen, deren Stelle auch wohl süße Aepfel vertreten können, ein Mittel dargeboten, daß die theuren Feigen auf eine sehr wohlfeile Art ersetzt, das auch den nicht viel weniger theuren Honig entbehrlich macht, und bey alledem einen rothen Saffian oder Marroquin producirt, der von der feinsten Art ist: worauf ich daher die Saffianfabrikanten um so mehr aufmerksam machen muß, da diese einfache Entdeckung für ihren Erwerbszweig von der größten Wichtigkeit ist.

Rothe Farben für den Saffian.

Erste Art.

§. 864.

Was die rothe Farbe des Saffians oder Marroquins betrift, so ist die von Herrn Bojour beschriebne vortrefflich, daß solche allgemein angewendet zu werden verdient. Nüanciren, nemlich mehr oder weniger heller oder dunkler kann man sie machen, wenn das Verhältniß der Ingredienzen entweder abgeändert, oder denselben auch mancher andre Zusatz gegeben wird. So gehet jene Farbe mehr in die des Feuerscharlachs über, wenn man die Kurkumewurzel und das Guttägummi entweder um die Hälfte vermehrt, oder die Quantität der Cochenille vermindert; und sie gehet fast in die Aurorafarbe über, wenn man die in der Vorschrift augegebene Quantität der Cochenille um die Hälfte herabsetzt, die der Kurkumewurzel und das Guttägummi hingegen, um das Triplum vermehrt.

Zweyte Art.

§. 865.

Die sehr günstige Wirkung welche die Auflösung des Zinnes in der Salzsäure (§. 269.) darbietet, um wollne Zeuge damit zur Annahme des Pigments der Cochenille vorzubereiten, und ihnen die ächte Scharlachfarbe zu ertheilen, ließ mich auch bey den rothen Marroquins eine günstige Wirkung davon erwarten. Ich versuchte daher eine nach der (§. 270.) gemachten Angabe bereitete Auflösung vom Salzsauren Zinn in einem mit 12 Theilen Wasser verdünneten Zustande anzuwenden, um die Narbenseite der Haut damit zu inregniren, und sie dadurch zur Aufnahme der rothen Farbe vorzubereiten: aber die Haut zog sich sehr stark zusammen, narbte sich als wenn sie gegerbt worden wäre, und beym Eintauchen in eine Cochenillbrühe, fiel der Pigment sehr schlecht an.

§. 866.

Ich mengte hierauf ein halb Loth jenes Salzsauren

Zinnes (§. 270.) mit eben so viel gereinigten Weinstein (§. 343.), und einem Quentchen Alaun, löste das Ganze in 12 Loth reinem Flußwasser auf, ließ die Haut 15 Minuten lang darin herum ziehen, und tauchte sie hernach in eine Cochenille und Kurkumewurzel zubereitete Brühe, und so erhielt ich ein sehr angenehmes feuriges Roth.

Dritte Art.

§. 867.

Man kann freylich auch mit dem Brasilienholze (§. 323.) und Alaun rothe Farben auf dem Saffian erzeugen, sie schimmern aber allemal ins Karmosin, und haben nie das Feuer und den Glanz, welchen die mit Cochenille hervorgebrachten besitzen, sind aber freylich auch so viel wohlfeiler; man kann sie aber durch einen Zusatz von Kurkumewurzel mehr erhöhen und ins gelbrothe überführen. Sollen die Häute mit Brasilienholz rothgefärbt werden, so muß man die feinste Sorte dieser Holzart aussuchen, die nicht mit Kampechenholz vermengt ist, wie solches im Handel oft zu geschehen pflegt, weil sonst die Häute ein dunkles braunes Roth annehmen würden. Man siedet zu dem Behuf des Brasilienholz in einem kupfernen Kessel mit reinem Flußwasser ab, setzt gegen das Ende der Arbeit der Abkochung den dritten Theil so viel Alaun zu, als man Holz angewendet hat, gießt die Farbenbrühe durch Flanell, und wendet solche nun in eben der Art wie die Cochenillbrühe an.

Gelbe Farben für den Saffian.

Erste Art.

§. 868.

Es ist bereits erwähnt worden, daß man die gelbe Farbe erst dann auf den Saffian aufsetzt, wenn derselbe vorher bereits gegerbt ist; obschon, wie ich mich durch wiederholte Erfahrung überzeugt habe, die dazu bestimmten Häute auch vor dem Gerben gelb gefärbt werden können, und man die nicht weniger günstige Resultate erhält.

§. 869.

Am gewöhnlichsten, und mit einem recht guten Erfolg, bedienet man sich zur gelben Farbe für den Saffian, nach der bereits (§. 815.) beschriebnen Methode, der Kreuz- oder Avignonbeeren in Verbindung mit dem Alaun. Man kann indessen nicht sagen, daß das auf diesem Wege erzeugte Gelb schön sey, es ist vielmehr matt, und nur ein sogenanntes Schwefelgelb, das sich beständig ins Grünliche ziehet.

Zweyte Art.

§. 870.

Ein weit lebhafteres und reineres Gelb kann man dem Saffian mit der Quercitronrinde geben, wenn sie gehörig dazu vorbereitet wird. Die Quercitronrinde bestehet aus der innern Rinde der in Nordamerika einheimischen Färbereiche (Quercus tinctoria): Man erhält sie über England aus Nordamerika, und bekommt sie bey den Kaufleuten, welche mit Farbematerialien handeln. Sie

ist

ist gewöhnlich schon geraspelt, und bestehet aus mehr oder weniger groben Spänen, von einer falben Farbe, und einem bittern zusammenziehenden Geschmack.

§. 871.

Soll die Quercitronrinde zur gelben Farbe für den Saffian vorbereitet werden, so schüttet man zwey Pfund derselben in einen kupfernen Kessel, gießt 20 Quart reines Flußwasser darauf, und kocht das Ganze unter öfterm Umrühren mit einem hölzernen Stabe so lange, bis noch 10 Quart Flüßigkeit übrig sind, welche nun durch ein Stück Flanell gegossen wird, damit die holzigen Theile zurück bleiben.

§. 872.

Nun löst man ein Pfund reinen weißen Tischlerleim (§. 207.) in vier Pfund siedendem Wasser auf, gießt diese Auflösung zur filtrirten Quercitronbrühe, rührt alles wohl untereinander, und bringt das Gemenge wieder zum Sieden. Die Brühe wird sich anfangs stark trüben, im Sieden wird sich aber eine zähe Substanz daraus zu Boden schlagen, welche aus thierischer Gallerte (§. 206.) und Gerbestoff (§. 192.) besteht, wogegen die Brühe nun hellbraun und gegen das Licht gehalten durchsichtig erscheinen wird. Man läßt sie bis auf fünf Quart einkochen, worauf sie in ein irdenes Gefäß gegossen wird, um sich abzukühlen und vollends aufzuklähren.

§. 873.

Sollen mit dieser Brühe die gegerbten Häute gelb gefärbt werden, so tränkt man die Narbenseite derselben einigemal hintereinander, mit einer Auflösung von reinem Alaun in Wasser, indem man solche mit einem Schwamm aufträgt und gleichförmig einreibt. Sind die Häute mäßig getrocknet, denn trägt man auf gleiche Art die vorher Milchwarm gemachte Abkochung der Quercitronrinde darauf, und man wird nun die schönste gelbe Farbe zum Vorschein kommen sehen.

Blaue Farben für den Saffian.

Erste Art.

§. 874.

Um dem Saffian eine schöne blaue Farbe zu ertheilen, bedient man sich dazu des feinsten Guatimalo-Indigo (§. 326.). Man zerreibt solchen zum feinsten Pulver, trägt ein Loth desselben nach und nach bey kleinen Portionen in fünf oder sechs Theile rauchende Schwefelsäure (§. 241.), welche sich in einem gläsernen Mörser, oder einem steinern nicht glasurten Topfe befindet, rührt alles mit einer gläsernen Keule recht wohl untereinander, und läßt nun das Ganze wohl bedekt, an einem mäßig warmen Orte 24 Stunden lang ruhig stehen.

§. 875.

Wenn jetzt das Gefäß geöffnet wird, so findet man darin eine dicke schwarzblaue Flüßigkeit, welche nun den in der Schwefelsäure aufgelösten Indig darstellt. Man rührt jetzt 16 mal so viel reines Fluß oder Regenwasser in jene Auflösung, als man Indig angewendet hat, rührt alles wohl untereinander, und trägt nun so lange, und unter beständigem Umrühren gepulverte Kreide hinzu, bis kein Aufbrausen in der Flüßigkeit mehr erfolgt, und solche ihren vorigen sauern Geschmack verlohren hat. Man füllet nun die dunkelblaue Flüßigkeit von dem darunter liegenden Bodensatz (welcher Gips ist) ab, und hebt sie in einer vorstopften gläsernen Flasche zum Gebrauch auf.

§. 876.

Sollen hierauf mit dieser Flüßigkeit die Häute gefärbt werden, so wird die Narbenseite derselben vorher nach der (§. 873.) beschriebenen Methode mit Alaunauflösung getränkt, und wenn sie halbgetrocknet sind, dann die Indigoauflösung mit einem Schwamme aufgetragen, vertheilt, und eingerieben, worauf man die Häute trocknen läßt, und mit reinem Wasser abwäscht, um das was sich nicht eingezogen hat hinwegzuschaffen.

Zweyte Art.

§. 877.

Nach einer andern und zwar noch bessern Art, kann die blaue Farbe für den Saffian folgendermaaßen angefertiget werden. Man löst den Indig, wie vorher (§. 874.) bemerkt worden, in sechs Theilen rauchender Schwefelsäure auf. Man verdünnet dann die Auflösung mit so viel reinem Flußwasser, das für jedes Loth des aufgelösten Indigo 5 Quart zu stehen kommen. Man erhitzt sie in einem kupfernen Kessel zum Sieden, trägt nach und nach gut gewaschne Flokwolle hinein, und rührt alles wöhl um, bis die färbenden Theile an die Wolle getreten sind, und die Flüßigkeit meist entfärbt erscheint.

§. 878.

Man nimmt nun die blau gefärbte Wolle heraus, wäscht solche in einem Gefäß mit Flußwasser so oft, bis solches nichts Färbendes mehr daraus annimmt; und sie enthält nun den reinsten blaufärbenden Theil des Indigs, wogegen alle gelbe und andre schmutzige Theile desselben in der Brühe zurück geblieben sind.

§. 879.

Man bringt nun in einem andern Kessel eine verhältnißmäßige Quantität reines Flußwasser zum Sieden, wirft zweymal so viel Alaun hinein als man Indig aufgelöst hat, und wenn dieser gelöst ist, trägt man die blaugefärbte Flockwolle hinzu, worauf das Ganze unter öfterm Umrühren gekocht wird. Die blaue Farbe begiebt sich jetzt wieder in das Wasser, und die Wolle wird entfärbt. Man versiedet nun jene blaue Tinktur so weit, daß für jedes Loth des aufgelösten Indigo zwölf Loth Flüßigkeit übrig bleiben, in welcher man ein Loth Senegalgummi auflöst, worauf die Brühe nun zum Blaufärben des Saffians angewendet werden kann.

Grüne Farben für den Saffian.

§. 880.

Man erzeugt die grüne Farbe für den Saffian entweder durch eine Zusammensetzung von blau und gelb, oder man trägt sie geradezu auf. Jenes ist die gewönlichste Verfahrungsart. Die letztere Methode liefert schönere Farben, aber sie ist auch kostbarer, und die Farben haben zum Theil weniger Dauer; ob schon sie auch manchen äußern Einflüssen wieder mehr Wiederstand entgegensetzen als Jene.

Erste Art.

§. 881.

Man läßt ein Gemenge von vier Pfund klein geschnittenen Wurzel vom Berberitzenstrauch, Berberitzenwurzel (§. 324.) und 8 Loth Alaun, mit der erforderlichen Quantität reinem Flußwasser in einem kupfernen Kessel recht wohl auskochen, gießt die Abkochung durch Leinwand, und verdünstet sie denn so weit, daß nur ein Pfund Flüßigkeit übrig bleibt; in welchem nun ein Loth Senegalgummi aufgelöst wird.

§. 882.

Mit dieser gelben Farbenbrühe werden nun die vorher gegerbten Häute erst gelb gefärbt, indem man sie über einer Tafel mit der Fleischseite ausbreitet, und die Farbe auf die Narbenseite mittelst einem Schwamm aufträgt, vertheilt, einreibt, und denn die Häute mäßig trocknen läßt. Die Oberfläche wird hierauf mit reinem Wasser abgewaschen, und sodann so viel von der nach der Ersten oder der zweyten Art zubereiteten blauen Farbe darauf getragen, bis die erforderliche Nüance von Grün hervorgekommen ist: worauf die gefärbte Haut mäßig getrocknet, und vor der übrigen Appretur nochmals mit reinem Wasser abgewaschen wird.

Zweyte Art.

§. 883.

Man reibt sechs Loth kristallisirtes Essigsaures Kupfer (Kristallisirter oder destillirter Grünspan) mit einem

Zusatz von sechs Loth reinem Weinessig auf einem Reibestein zum feinsten unfühlbaren Brey ab, dieser wird mit 12 Loth reinem Wasser verdünnet, in welchem vorher 2 Loth Senegalgummi aufgelöst worden sind, und alles wohl unter einander gemengt. Diese schöne grüne Farbe, welche vorher jedesmal wohl umgerührt werden muß, trägt man nun mit einem Lappen auf die Narbenseite der Haut, reibt sie recht wohl und gleichförmig ein, und läßt sie trocknen, worauf denn die Haut appretirt wird.

Violette Farben für den Saffian.

§. 884.

Man kann die violetten Farben entweder mit Cochenille oder mit Brasilienholz hervorbringen, je nachdem sie einen größern oder geringern Werth besitzen sollen. In beyden Fällen muß man jenen rothen Farbenbrühen aber einen Zusatz von Indigoauflösung geben, um dadurch die violette Nüance zu erzeugen, weil aus der Verbindung von Roth und Blau allemal Violet hervorgebracht wird.

Erste Art.

§. 885.

Man macht eine Abkochung von feiner mexikanischer Cochenille mit reinem Flußwasser, in einem zinnern Kessel, man löst zuletzt den vierten Theil soviel Alaun und den sechzehnten Theil so viel Senegalgummi als man Cochenille angewendet hat, in der Brühe auf, und gießt sie durch Leinwand. Man vermengt jene Cochenillenbrühe mit so viel von der nach der zweyten Art (§. 877.) zubereiteten Indigoauflösung, als zu der verlangten Nüance von Violet erforderlich ist, welches man durch Proben im Kleinen erforschen muß. Man erhebt die gemengte Brühe bis zur Temperatur der Milchwärme, uud färbt nun die noch ungegerbte Haut, indem man sie mit den Fleischseiten wohl übereinander geschlagen hat, unter den gewöhnlichen Cautelen darin aus: worauf sie gegerbt, und dann appretirt wird. Auf diese Art gewinnt man das schönste feurigste Violet.

Zweyte Art.

§. 886.

Ein schlechteres Violet gewinnt man, wenn statt der Cochenille, eine Brühe von Brasilienholz (§. 867.), in Vermengung mit Indigobrühe angewendet wird. Auch diese Farbe muß vor dem Gerben der Haut aufgetragen werden, indem man solche, nachdem die Fleischflächen übereinander geschlagen sind, in der Brühe so lange herumziehet, bis die erforderliche Schattirung hervorgekommen ist, dann aber gerbt und appretirt.

Braune Farben für den Saffian.

§. 887.

Die braune Farbe giebt man dem Saffian mittelst einer Abkochung von Kampechenholz (§. 329.), und dem vierten Theil Alaun, worin man etwas Gummi aufgelöst hat. Die braune Farbe kann sowohl vor als nach dem Gerben aufgetragen werden. Mehr ins Dunkle kann man sie nüanciren, wenn über die schon erzeugte Farbe, eine sehr verdünnte Auflösung von Schwefelsaurem Kupfer oder Kupfervitriol (§. 265.) getragen wird.

Graue Farben für den Saffian.

§. 888.

Um dem Saffian eine graue Farbe zu ertheilen, die nach Willkühr mehr oder weniger dunkler gemacht werden kann, ist es hinreichend, die fertig gegerbte Haut mit der Fleischseite über einer Tafel auszubreiten, und die Narbenseite mittelst einem Schwamm, so oft mit einer Auflösung von vier Loth Eisenvitriol (§. 261.) und einem Loth Senegalgummi in 24 Loth reinem Flußwasser einzureiben, bis die verlangte Schattirung von Grau hervorgekommen ist.

Schwarze Farben für den Saffian.

§. 889.

Die schwarze Farbe für den Saffian, wird gleichfalls erst dann aufgetragen, wenn die Haut zuvor gegerbt worden ist. Das schönste seltenste und lebhafteste Schwarz erhält man auf folgende Art. Man löst ein Gemenge von 3 Pfund Eisenvitriol (§. 261.) und 1 Pfund Kupfervitriol (§. 265.) in 24 Pfund siedendem Flußwasser in einen kupfernen Kessel auf. In diese Auflösung gießt man nach und nach, und unter stetem Umrühren, eine Auflösung von 4 Pfund reiner Pottasche (§. 341.) in 8 Pfund Flußwasser, die vorher filtrirt worden ist; und wenn das Aufbrausen nachgelassen hat, läßt man alles 24 Stunden lang ruhig stehen.

§. 890.

Man gießt hierauf das klare Fluidum von dem darunter liegenden graugrünen Bodensatz ab, übergießt denselben aufs neue mit siedend heißem Flußwasser, und wiederholt dieses Abgießen der salzigen Lauge und Aufgießen von frischem Wasser so oft, bis die Flüßigkeit allen salzigen Geschmack völlig verloren hat: worauf der Rückstand auf ein Stück ausgespannte Leinwand gegossen wird, damit das Flüßige ablaufen kann.

§. 891.

Man bringt hierauf den dicken Rückstand auf ein Brett, und setzt ihn der Luft aus, er wird sehr bald seine vorige graugrüne Farbe in eine braunrothe umändern, und endlich völlig austrocknen. Da der Eisenvitriol aus Eisenoxid und Schwefelsäure, der Kupfervitriol aber aus Kupferoxid und Schwefelsäure zusammen gesetzt war; die Pottasche hingegen aus Kali und Kohlenstoffsäure zusammengesetzt ist: so mußte sich hiebey das Kali mit der Schwefelsäure verbinden, und das Eisenoxid so wie das Kupferoxid abscheiden, welches dagegen die Kohlenstoffsäure in sich nahm, und damit zu Boden fiel; nach der wiedererholten Auslaugung des gebildeten Schwefelsauren Kali aber rein zurückblieb. Dieser Rückstand ist also ein Kupferhaltiges Eisenoxid, und nun zur Erzeugung der schwarzen Farbe vorzüglich geschickt.

§. 892.

Man übergießt jetzt jenes Kupferhaltige Eisenoxid in einem eisernen oder kupfernen Kessel mit seinem zwanzigfachen Gewicht Weinessig, noch besser aber mit brenzlicher Holzsäure, und hält die Masse so lange und unter öfterm Umrühren im gelinden Sieden, bis die Hälfte davon verdunstet ist. Es wird nun eine dunkelbraune Flüßigkeit übrig bleiben, welche in gut verstopften Flaschen aufbewahrt werden muß.

§. 893.

Soll jenes Fluidum zur Erzeugung der schwarzen Farbe auf dem Saffian angewendet werden, so löst man den sechzehnten Theil Senegalgummi darin auf, und reibt solches nun auf der Narbenseite des schon gegerbten Leders mit einem Schwamm recht gut und gleichförmig ein, und wiederholt die Operation so oft, bis eine vollkommen satte Farbe hervorgekommen ist: welche dadurch erzeugt wird, daß der Gerbestoff und die Gallussäure, welche bereits in der gegerbten Haut enthalten sind, das Kupferhaltige Eisenoxid aus jener Brühe aufnehmen, und in dieser Verbindung die schwarze Farbe produciren. Nach dem Färben wird die Haut getrocknet, hierauf mit Wasser abgewaschen, und dann appretirt.

Ueber die gerbenden Materialien zum Saffian.

§. 894.

Wie wir gesehen haben, bestehen die gerbenden Materialien für den Saffian vorzüglich in den Galläpfeln (§. 281.), im Schmack (§. 292.), im Kraute der Bärentraube (§. 319.), im Rausch (§. 320), in den Eichenblättern (§. 309.), und der Granatfruchtschaale (§.

337.). Der zureichende Grund, weshalb man gerade diese Materialien anwendet, warum nicht auch die Eichenrinde und so manche andere gerbende Materialien hiezu angewendet werden, liegt einzig und allein darin, daß solche neben dem Gerbestoff und der Gallussäure auch zugleich vielen roth oder braunfärbenden Stoff enthalten, welcher die Häute färben, und alsdann den rothen, gelben und blauen Farben nachtheilig werden würde.

§. 895.

Aus dem Grunde ist es daher unumgänglich nothwendig zur Saffiangerberey nur solche Materialien anzuwenden, welche die Häute so wenig wie möglich mit Farbetheilen beladen, folglich solche möglichst weiß und ungefärbt lassen. Außer den schon gedachten und gebräuchlichen, können hiezu noch gerechnet werden, die Rinde vom Perückenbaum (§. 296.), die Ebereschenrinde (§. 313.); die Natterwurzel (§. 316.); und das Kraut nebst den dünnen Stengeln vom Heidebeerstrauch (§. 321.), welche, wie ich mich aus eigner Erfahrung überzeugt habe, zur Saffiangerberey sehr geschickt sind.

Zweyte Abtheilung.

Von der Corduangerberey, oder der Fabrikation des Corduans.

§. 896.

Mit dem Namen Corduan wird ein aus Bockhäuten zubereitetes Leder belegt, das von mancherley Farben vorkommt, und außerdem, daß solches bald glatt, bald rauh verkauft wird, in der Regel viel weicher und kleiner genarbt, als der Saffian ist. Seine Zubereitung hat mit der des Saffians viel Aehnlichkeit, der Corduan unterscheidet sich aber vom Saffian vorzüglich auch dadurch, daß man zum Gerben der Häute gewöhnlich Eichenlohe anwendet, ob schon diejenigen Häute, welche nicht dazu bestimmt sind, schwarz gefärbt zu werden, sondern welchen man gelbe oder rothe Farben ertheilen will, gleich dem Saffian, mit Galläpfeln oder mit Schmack gegerbt zu werden pflegen.

§. 897.

Woher die Benennung Corduan abstammt, darüber ist man noch nicht allgemein einverstanden. Nach des Herrn Hofraths Beckmann *) Bemerkung, kommen die Namen Cordebisus, Cordoversus, Corduanus, und Cordewan schon im eilften Jahrhundert vor; und nach derselben wurden die Schuhmacher Cordobanarii, Cordoanarii oder Cordouaniers, und endlich Cordonniers genannt: weil vornehme Personen gemeiniglich Schuhe von spanischem Corduan (Calceì di Corduba) zu tragen pflegten.

§. 898.

Andre leiten den Namen Corduan von der spanischen Stadt Corduba oder Cordowa ob, woselbst der Corduan in großer Quantität fabricirt werden soll. Nach Beckmann darf man hiebey aber nicht aus der Acht lassen, daß die erste

---

*) Beckmann Anleitung zur Technologie. 4. Auflage 1796. S. 289. ꝛc. auch in Hermbstädts Journal für Lederfabr. 1. B. S. 239. ꝛc.

Zubereitung des Corduans nur durch die Mauren aus Afrika dahin gebracht worden seyn kann, da alle Arten der Gerberey zuerst aus dem Orient abstammen. Auch wissen wir daß noch jetzt die vorzüglichsten Corduane diejenigen sind, welche aus der Levante, besonders aus Smirna, Aleppo und aus Constantinopel kommen, welchen in der Feinheit die Spanischen, denn die Ungarischen, endlich die Französischen folgen, die vorzüglich zu Avignon, Marseille, Rouen, Lion und Paris fabricirt werden; denen sich die Englischen in der Güte anschließen, so daß die Deutschen Fabrikate dieser Art als die schlechtern angesehen werden müssen.

§. 899.

Frankreich welches früher als irgend ein andres Land Corduan zu fabriciren verstand, verdankt die erste Anleitung dazu demselben Manne Namens Granger, den der Graf Maurepas (§. 757.) zur Erlernung der Saffianfabrikation nach der Levante reisen ließ; und der im Jahr 1735 der damaligen Pariser Akademie der Wissenschaften, über die Fabrikation des Corduans zu Nicosia auf der Insel Cypern, einen zu Carnica geschriebnen Aufsatz einsandte, der die Grundlage zu dieser Fabrikation in Frankreich gab. Ich werde hier erst eine Beschreibung der jetzt üblichen Fabrikation des Corduans, und dann meine Bemerkungen darüber mittheilen.

Fabrikation des Corduans zu Nicosia, auf der Insel Cypern.

§. 900.

Man wählt daselbst zur Fabrikation die Häute von Böcken, Ziegen, und jungen Geisböcken, die zu dem Behuf aus Auvergne, Limosin, Bourgogne, Touraine, und vorzüglich aus Bourbonnois in einem lufttrocknen Zustande gezogen werden. Die Art und Weise wie man daselbst mit jenen Häuten operirt bis solche zu verkaufbarem Corduan dargestellt sind, hat mit der Fabrikation des Saffians viel Aehnlichkeit weicht aber doch in einigen Operationen auch wieder davon ab. Mag man sich ursprünglich immer einer gewöhnlichen Eichenrinde zum Gerben des Corduans bedient haben, und zu demjenigen welcher schwarz gefärbt werden soll, sich noch bedienen: zu denjenigen Arten, welche rothe, gelbe, oder andre helle Farben erhalten sollen, ist dies nicht der Fall, hiezu wird Schmack oder Galläpfel angewendet.

§. 901.

Die erste Operation bestehet im Einweichen und Reinigen der Häute. Sie werden zu dem Behuf drey bis vier Tage lang in fließendes Wasser eingeweicht, darauf auf den Schabebock geschlagen, auf der Fleischseite geebnet, gefalzt, und vom herum hängenden Fleische befreyet, hierauf aber abermals vier Tage lang in fließendes Wasser eingeweicht; worauf zum Enthaaren derselben geschritten wird.

§. 902.

Um das Enthaaren zu veranstalten, werden die eingeweichten Häute in eine schon gebrauchte Lohbrühe eingelegt, welche von dem Gerben der Kalbfelle oder Ochsenhäute übrig geblieben ist, 48 Stunden lang darin gelassen, dann herausgenommen, 24 Stunden lang an der Luft hangen gelassen, und in eine andre Portion solcher ausgegerbten Lohbrühe gebracht, eine Operation die so oft wiederholt wird, bis die Haare sich lösen, wozu gemeiniglich ein Zeitraum von vier Wochen erforderlich ist: worauf die Häute enthaart werden.

§. 903.

Ist das Enthaaren derselben auf diese Art veranstaltet, so kommen sie in den Kalk. Zu dem Behuf werden die enthaarten Häute mit gepulvertem oder an der Luft zerfallnen Kalk bestreuet, dann übereinander geschichtet, und im Sommer 21 Tage, im Winter aber 25 bis 30 Tage übereinander liegen gelassen, wobey das in den Häuten steckende Wasser hinreichend ist, den Kalk zu erweichen, und seine Wirkung gegen die Haut zu begünstigen. Sie werden dann herausgenommen, am Fluß gewaschen, dann auf dem Schabebaum vom überflüssigen Fleisch befreyet, geebnet, abermals mit Kalk bestreuet, und dann wieder ein Paar Stunden lang in einem Behälter mit Wasser eingeweicht.

Anmerkung. Jenes ist die Verfahrungsart wie man zu Nicosia operirt; sie ist nicht überall dieselbe. Zu Diarbekir im Osmannischen Asien und dem vormaligen Mesopotanien, werden die Häute gleich in der Kälke behandelt, um solche zur Enthaarung zu disponiren, wozu man sich, wie es gewöhnlich im Gebrauch ist, eines gemeinen Aeschers oder der Kalkmilch bedient; auch solche nachher noch einigemal in Kalkwasser weichen läßt.

§. 904.

Hierauf werden die Häute einigemal hinter einander recht gut ausgewaschen, denn einige Stunden lang mit den Füßen getreten, wobey von Zeit zu Zeit frisches Wasser zugegossen werden muß: eine Operation, die theils dazu dienet allen Kalk aus den Häuten hinweg zu schaffen, andern theils aber den Häuten einen Zustand der Walke zu geben, die auf ihre anderweitige gute Beschaffenheit einen bedeutenden Einfluß hat. Sie werden hierauf aus dem Wasser genommen, und zum Abtropfen auf Stangen geschlagen.

§. 905.

So vorbereitet giebt man den Häuten eine Beize von Hundekoth. Zu dem Behuf werden für 10 Dutzend Häute, die man mit einemmal in Arbeit nimmt 50 Pfund verkleinerter Hundekoth mit so viel warmen Wasser angerührt, daß daraus ein mäßig steifer Brey entstehet, mit welchem nun jede Haut einzeln ohngefähr zwei Linien dick überzogen wird; hierauf werden die mit dem Kothbrey überzogenen Häute übereinander geschichtet, und solche zwey bis drey Tage übereinander ruhen gelaßen.

Anmerkung. Zu Diarbekir rührt man den Hundekoth mit so viel Wasser an, daß eine Honigdicke Masse daraus entstehet. Man füllet solche in Gruben, legt die Häute hinein, läßt solche acht Tage darin liegen, und alle Tage einmal mit den Füßen wohl durchtreten. Nach dieser Operation bringt man daselbst die Häute noch in ein Gemenge von Kleye und Wasser, läßt sie im Sommer drey, im Winter aber sechs Tage darin liegen, und alle Tage einmal mit dem Füßen durchtreten.

§. 906.

Wenn die Kothbeize vollendet ist, werden die Häute einigemal hintereinander in fließendem Wasser gewaschen, und dabey mit den Füßen wohl durchgetreten, um sie vollkommen zu reinigen. So vorbereitet sind nun die Häute geschickt um ge-

gerbt

gerbt und gefärbt zu werden. Hier beobachtet man dieselbe Vorsicht wie beym Saffian, nemlich die zur Roth bestimmten Häute werden erst gefärbt, und dann gegerbt. Die welche andere Farben erhalten sollen werden als erst gegerbt, und dann gefärbt. Denjenigen Häuten welche die rothe Farbe erhalten sollen, giebt man vorher ein Kleyenbad (§. 775.) worin sie 48 Stunden liegen, und hierauf ein Feigenbad (§. 766.) oder ein Honigbad (§. 777.) worin sie 24 Stunden beharren, worauf sie endlich mit Salz eingerieben werden. Da diese vorbereitenden Operationen ganz nach derselben Art veranstaltet werden, wie solches beym Saffian (§. 763.) gelehrt worden ist, so bedürfen sie hier keiner wiederholten Beschreibung.

§. 907.

Um nun das Rothfärben der zu Corduan bestimmten Häute, bevor selbige gegerbt werden zu veranstalten, und zwar nachdem solche zuvor durch Kleye, Feigen und Salz bearbeitet worden sind, bekommen selbige nun noch ein Alaunbad, um sie dadurch zur Annahme der Farben geschickter zu machen. Zu dem Behuf läßt man die aus dem Salz gekommnen Häute gut austriefen, löst dann für zehn Dutzend Häute 15 Pfund reinen römischen Alaun in 200 Pfund reinem Flußwasser in der Wärme auf, zieht die Häute mit der Fleischseite übereinander, und zwar jede zusammen geschlagne Haut einzeln, mit der Narbenseite in der Milchwarmen Alaunauflösung ein Paar Minuten lang hin und her, hängt sie denn zum Abtröpfeln auf Stangen, und streicht zuletzt die überflüssige Feuchtigkeit rein heraus.

§. 908.

Um die Farbenbrühe zu verfertigen, werden 50 Loth fein gepulverter Kermes *), in 24 Pfund Wasser getragen das in einem zinnernen Kessel siedend gemacht worden ist, und damit in Wallung gesetzt. Man setzt dann 10 Loth Alaun zu, und läßt alles so lange sieden, bis der achte Theil verdünstet ist, worauf die rothe Brühe durchgegossen wird. Um mit jener Brühe die Häute zu färben, wird jede Haut einzeln mit der Fleischseite über einer Tafel ausgebreitet, dann die Brühe mittelst Baumwolle auf der Narbenseite lauwarm aufgetragen, und gleichmäßig vertheilt; worauf jede Haut ausgerungen und aufgehängt wird. Man färbt gemeiniglich 49 Stück Häute mit einemmal, für welche jene Farbenbrühe berechnet ist. Ist das erste Färben vollendet, so wiederholt man diese Operation zum zweytenmal, und sezt sie überhaupt fünfmal hintereinander fort.

§. 909.

Wenn das Färben vollendet ist, schreitet man zum Ger-

---

*) Mit dem Namen Kermes oder auch Kermes wird ein aufgetroknetes rothfärbendes Insekt bezeichnet, das auf den Inseln des Archipelagus, so wie in Spanien, in Italien und in Frankreich auf der so genannten Stech- oder Grüneiche, einem kleinen niedrigen Baume gefunden wird. Es besteht in runden braunrothen glänzenden Blasen, von der größe einer Erbse, die eigentlich in in den aufgetrokneten trächtigen weiblichen Insekten bestehen. Vor der Entdeckung von Amerika wurde der Kermes durchaus statt der Cochenille in der Färberey angewendet.

ben der gefärbten Häute. Zu dem Behuf werden für 40 Stück der zu gerbenden Häute 15 Pfund fein gepulverte Gallåpfel, oder an deren Stelle 20 Pfund gemahlnen Schmack, mit so viel heißem jedoch nicht siedendem Wasser angebrühet, daß daraus eine dünne breyartige Brühe wird. In jene gerbende Flüssigkeit legt man eine Haut nach der andern ein, ziehet die Häute darin herum, arbeitet sie eine oder zwey Stunden lang mit den Händen wohl durch, und läßt solche denn in der Brühe eingetaucht, zwey bis drey Tage lang ruhig liegen, worauf sie herausgenommen, nochmals gut durchgearbeitet, dann von der anklebenden Brühe und andern unreinen Theilen befreyet, und zum Trocknen ausgebreitet werden.

§. 910.

Sind die gegerbten Häute halb trocken, so werden sie auf die Narbenseite mit Sesamöl *), dessen Stelle auch Baum- oder Olivenöl vertreten kann, eingerieben, um ihnen dadurch Glanz und Geschmeidigkeit zu geben, und denn im Schatten vollends getrocknet. Nach dem Trocknen wer-

*) Das Sesamöl, welches übrigens in seiner Wirkung mit dem Baumöl gleich kommt, wird aus den Saamenkörnen einer Pflanze durchs Auspressen erhalten, welche in der Türkey mit dem Namen Susam belegt wird. Bey den Arabern von Equite wird jene Pflanze Semsam, bey denen von Yemen im glücklichen Arabien wird sie Gyl, Gylan, in einigen Gegenden von Thrazien wird sie Scirlian genannt. Eine ausführlichere Beschreibung dieses Gewächses findet man in meinem Journale für Lederfabrikanten und Gerber 1. Band. S. 155. rc.

den sie geglättet, auf der Fleischseite gefalzt, und dann entweder gekrispelt, oder wenn sie glatt bleiben sollen ungekrispelt gelaßen.

§. 911.

Jenes ist die Verfahrungsart, wie die Corduane in Nicosia zubereitet und rothgefärbt werden. Statt des Kermes soll man sich auch des Gummilacks bedienen. Man kann aber beyde rothfärbende Materialien erspahren, wenn man die Cochenille an deren Stelle setzt, und die rothe Farbe ganz nach derselben Art, wie bey dem Saffian erzeugt.

§. 912.

Alle anderweitige Farben die man dem Corduan ertheilen will, außer der Rothen, werden erst nach dem vorher gegangnen Gerben der Häute darauf getragen, und man bedient sich dazu derselben Methoden, welche beym Färben der Saffiane bereits beschrieben worden sind, daher solche hier keiner Wiederholung bedürfen. Nur ist zu bemerken, daß diejenigen Corduane welche schwarz gefärbt werden sollen, mit gewöhnlicher Eichenlohe gegerbt seyn können; und diejenigen welche rauh bleiben sollen, auf der Fleischseite gefärbt werden müssen, weil diese denn die bearbeitete Seite ausmacht.

Bemerkungen über die Fabrikation des Corduans.

§. 913.

Bey der hier mitgetheilten Beschreibung zur Fabrikation des Corduans habe ich diejenige Verfahrunsart zur Vorschrift genommen, deren man sich zu Nicosia bedient. Im wesentlichen damit übereinstimmend, ist auch die Methode, deren man sich zu Diarbekir im Osmannischen Asien, so wie auch diejenige deren man sich in den französichen Fabriken zu bedienen pflegt, welche allein von jenen abgeleitet worden ist. Wir haben gesehen, daß die ganze Fabrikation des Corduans auf folgende Operationen eingeschränkt ist: 1) das Enthaaren; 2) die Behandlung im Kalk; 3) das Gerben; 4) das Färben; und 5) das Appretiren; wovon jedoch bey den rothen Ledern das Färben dem Gerben vorausgehet.

§. 914.

Das Vorbereiten der Häute zur Enthaarung, in schwacher Lohbrühe, wie solches zu Nicosia verrichtet wird, ist allein auf die dabey statt findende Wirkung der Gallussäure jener Brühe gegründet. Sie verrichtet eine Art von Schwellung in den Häuten, sie dehnt sie aus, lockert ihre Massentheile auf, und löset so die Haarwurzeln, ohne daß eine ätzende Substanz, wie z. B. der Kalk dazu erfordert wird. Wir haben (§. 111.) gesehen, daß diese Enthaarungsmethode auch bey andern Häuten schon angewendet wird.

§. 915.

Bey alledem ist aber nicht mit zureichendem Grunde einzusehen, warum, da man die Behandlung der Häute im Kalk als eine Nothwendigkeit ansiehet, man solche nicht der Behandlung in der Lohbrühe vorausgehen läßt, da die Letztere, vermöge der darin enthaltenen Gallussäure, den überflüssigen Kalk alsdann wieder aus den Häuten hinwegschaffet, folglich eine günstigere Wirkung ausüben würde; und der Kalk die Enthaarung der Häute eben so wohl begünstiget als die Lohbrühe, auch das Fett der Haut absorbirt, und das überflüssige Fleisch auf der Fleischseite mürbe macht, und solches zur Ablösung disponirt; und man muß daher der zu Diarbekir üblichen Verfahrungsart (§. 111.), woselbst man gleich mit der Behandlung im Kalk anfängt, billig den Vorzug vor der zu Nicosia einräumen.

§. 916.

Was die Behandlung der enthaarten Häute in der Hundekothbeize betrifft, so ist solche nicht absolut nothwendig; ich habe mich vielmehr durch die Erfahrung davon überzeugt, daß die Kothbeize wegbleiben kann, und ein eben so gutes Fabrikat gewonnen wird. Aber die Behandlung mit Kleye, und wenn man will mit zermalmten Aepfeln oder Birnen hat mir immer nothwendig geschienen; weil solche eine eigne Fermentation in der Hautmasse veranlassen, die auf die Güte des Fabrikats einen bedeutenden Einfluß hat; so wie auch die Anwendung des Kochsalzes von vielem Nutzen ist.

§. 917.

Um mich durch eigne Erfahrung von dem zu überzeugen, was nützlich, und was entbehrlich ist, habe ich die ganze Operation der Corduangerberey selbst in Ausübung gesetzt: ich habe die zu Nicosia, so wie die zu Diarbekir übliche Verfahrungsart dabey beobachtet, und bin meinen eigenen Weg gegangen. Zwar muß ich bekennen, daß ich auf allen eingeschlagnen Wegen ein gutes Fabrikat erhielt, ich glaube aber, daß aus eben dem Grunde der kürzesten Methode der Vorzug eingeräumt werden muß.

§. 918.

Ohne mich auf eine umständliche und weitläufige Beschreibung einzulassen, bemerke ich, daß es mir gelungen ist, auf folgendem Wege einen sehr schönen Corduan zu produciren, indem ich mich einer Lufttrocknen Bockshaut dazu bediente. Ich ließ die Haut acht Tage lang in einer Wanne in Flußwasser einweichen, solche aber täglich zwey bis dreimal darin herum nehmen, und das Wasser alle Tage mit frischem erneuern. Nach dem Einweichen wurde sie auf der Fleischseite mit einem hölzernen Messer gut gestrichen, um sie in allen Stellen gleichförmig zu erweichen, und dann in einem Gefäß mit Kalkmilch untergetaucht, und täglich zwey bis dreymal darin herumgearbeitet. Nach einem Zeitraum von 12 Tagen, ließen die Haare sich mit der Hand ausrupfen: sie wurden ausgezogen, und die Narbenseite mit dem Schabeeisen nachgeputzt, um sie vollkommen kahl zu machen.

§. 919.

Nach vollendeter Enthaarung, wurde die Haut noch drey Tage in den Kalk gebracht, dann achtmal hintereinander in frischem Wasser ausgespühlt, und auf der Fleischseite vom überflüssigen Fleisch befreyet und geebnet. So vorbereitet kam sie nun in eine Beize von anderthalb Pfund Kleye, zwey Pfund in einem hölzernen Mörser zerstampfte Aepfel, und zwey Pfund siedend heißem Wasser, jedoch erst dann, als diese Beize bis zur Temperatur der Milchwärme abgekühlt war: sie wurde in dieser Beize vier Tage gelassen, und täglich zwey bis dreymal mit den Händen gut durchgearbeitet, hierauf aber mit Salz eingerieben, und in dieser Vermengung sechs Tagen lang dem Schwellen unterworfen. So vorbereitet würde nun ein Theil derselben, nach der beym Saffian (§. 855.) beschriebnen Art mit Cochenille roth gefärbt, und dann mit Schmack gegerbt; ein andrer Theil derselben wurde aber erst gegerbt, und hierauf theils gelb, theils schwarz gefärbt; und ich erhielt ein völlig tadelfreyes Produkt. Diese Operationsart ist unter allen bisher beschriebnen die kürzeste und die wohlfeilste, und ich kann sie daher mit Zuversicht Jedem empfehlen, der davon Gebrauch machen will.

Dritte Abtheilung.

Von der dänischen Ledergerberey, oder der Fabrikation des dänischen Leders.

§. 920.

Das dänische Leder, wovon man weiß- und lohgahres fabricirt, welches sich durch seine Zartheit, seinen Glanz, seinen überaus feingenarbten Zustand, und seine isabellgelbe Farbe auszeichnet, besitzt jenen Namen wahrscheinlich aus dem Grunde, weil dasselbe vormals ausschlüßlich in Dänemark verfertigt wurde; wogegen jetzt auch in England, in Frankreich und in Deutschland bedeutende Fabriken davon existiren.

§. 921.

Zu dem feinsten lohgahren dänischen Leder, das zu Dameshandschuhen verarbeitet wird, gebraucht man nur Häute von jungen Ziegen und von Lämmern, obschon zu den gröbern Sorten auch Schaafleder angewendet zu werden pflegt.

Sind die Häute an der Luft getrocknet, so werden sie einige Tage in fließendes Wasser eingeweicht, um die Haut so wie die daran sitzenden Blut- und Fleischtheile zu erweichen, und zur Wegschaffung zu disponiren. Sie kommen hierauf in einen schwachen Kalkäscher, um die Fleischseite mürbe, und die Haare auf der Narbenseite lösbar zu machen, wozu nach der Stärke des Aeschers 14 Tage bis 3 Wochen erfordert werden. Sie werden dann nach gewöhnlicher Art enthaart, und auf der Fleischseite geputzt und geebnet.

§. 922.

Sind die Häute so weit vorbereitet, und durch oft wiederholtes Ausspühlen in fließendem Wasser von allen inhärirenden Kalktheilen befreyet, so erhalten dieselben eine Farbe, in dem man solche einige Tage lang in eine schon ausgegerbte Brühe von Eichenlohe bringt, deren Gehalt an Gallussäure zugleich dazu dienet, ihnen eine schwache Schwellung zu geben, und die noch rückständigen Kalktheile heraus zu schaffen. Beym Einbringen der Häute in diese Brühe, ist es indessen nothwendig, sie eine Zeitlang gut darin herum zu ziehen, bevor man sie darin untertaucht, weil das Nichtbefolgen dieses Handgriffs sonst eine Ungleichheit in die Farbe bringt, die der Güte und Schönheit des Corduans nachtheilig ist.

§. 923.

Nach geschehener Vorbereitung in der Farbe, schreitet man nun zur Gerbung der Häute, wozu man nicht die Eichenrinde sondern die verkleinerte Rinde der Saalweide (§. 314. d) in Anwendung setzt, obgleich auch die Rinde der übrigen Weidenarten dazu benutzt werden kann. Das Gerben selbst verrichtet man nicht an allen Orten auf einerley Art. In den meisten dänischen Gerbereyen, nähet man zwey Häute mit ihren Kanten aneinander, so daß die Narbenflächen nach innen kommen, und ein Sack daraus gebildet wird. Man füllet diesen mit gemahlner Weidenrinde, gießt dann Wasser darauf, nähet nun die Oeffnung zusammen, arbeitet sodann den Sack wohl herum damit sich die mit dem Wasser gemengte Rinde in allen Seiten gleichförmig vertheilen kann, worauf die so vorbereiteten Sackförmigen Häute in einer dazu bestimmten Grube mit Weidenlohbrühe völlig übergoßen.

§. 924.

Die Gruben deren man sich hiezu bedient, sind gemeiniglich 10 Fuß lang 4 Fuß breit und 4 Fuß tief. Damit die darin eingesenkten Häute einerseits beständig in der gerbenden Flüssigkeit untergetaucht bleiben, und andernseits die Brühe im Innern der Häute ihre Zwischenräume vollkommen durchdringen kann, werden solche mit Brettern bedeckt und diese mit Steinen beschweret; damit aber jenes Durchdringen überall gleichförmig sey, werden die zu Säcken gebildeten Häute wöchentlich drey bis viermal umgewendet, um die Berührungspunkte der daran befindlichen Theile der Weidenrinde zu erneuern. So bleiben nun die Häute bis zur erhaltenen Gare in der Grube, wozu gewöhnlich ein Zeitraum von 10 bis 12 Wochen erfordert wird. Die Lohgahren Leder werden hierauf mit Oel eingerieben, auf der Fleischseite geschlichtet, auf der Haarseite aber mit der Glaskugel geglättet, und sind nun Kaufmannsguth.

Bemerkungen über jenes Verfahren.

§. 925.

Man bemerkt ohne sonderliche Umstände, daß jenes Verfahren zur Fabrikation des dänischen Leders auf eine vorgehende Gerbung in der Lohbrühe der Sahlweide gegründet ist. Man siehet aber weniger den Grund ein, der zu jener umständlichen Verfahrungsart Anlaß gegeben haben kann; und man muß glauben, daß Mangel an zureichender Kenntniß, und Hang zum Schlendrian allein veranlassen konnten, daß man jene Gerbungsart nicht schon lange mit einer bessern vertauschte.

§. 926.

Ich habe es daher versucht die aus der Kälke gekommnen Häute, nachdem ich solche vorher 24 Stunden lang in ein Schwefelsaures Wasser einlegte, welches aus einem Theil concentrirter Schwefelsäure (Vitriolöl), und 800 Theilen reinem Flußwasser, (beides dem Gewicht nach) gemengt war, um alle etwa darin noch rückständige Kalkerde völlig daraus hinweg zu nehmen, welche sonst die Häute in der Lohe zur Annahme einer dunklen Farbe disponirt: worauf in einer flüssigen Brühe von der Sahlweide ich sie behandelte, und zwar mit dem glücklichsten Erfolg.

§. 927.

Die Lohbrühe wurde hiezu aus der gemahlnen Sahlweide (§. 314. d.) nach der (§. 650.) beschriebnen Art mit reinem Flußwasser zubereitet. In dieser Lohbrühe, die nach dem Aerometer 6 Grad zeigte, wurden die Häute 30 Minuten lang herumgezogen, dann völlig darin untergetaucht, und zwar so: daß sie zwar schwimmend darin erhalten wurden, daß aber kein Theil derselben aus der Brühe herausragte, und mit der äußern Luft in Berührung stand. Die Häute wurden jeden Tag einmal in der Brühe herumgearbeitet, um ihre Oberflächen zu erneuern, und in einem Zeitraum von 6 Tagen waren selbige vollkommen lohgahr. Sie zeigten die schönste Farbe, so wie einen hohen Grad von Geschmeidigkeit. Sie wurden mit sehr wenigem Olivenöl eingerieben, dann geschlichtet, und geglättet, und man erkannte sie für vorzüglich gut. Es scheint also, daß diese Methode der dänischen Lederfabrikation jeder andern vorgezogen zu werden verdient.

§. 928.

Obgleich man weiß, daß so wohl in den dänischen als den englischen und den deutschen Fabriken, das dänische Leder nach der vorher beschriebnen Art verfertiget, und durch die Behandlung mit Sahlweide lohgahr gemacht wird; und obgleich der lohgare Zustand dieses Leders dadurch bewiesen werden kann, daß dasselbe, wenn solches in einer Auflösung von Schwefelsaurem Eisen eingetaucht wird, nach und nach eine schwarze Farbe annimmt, so behaupten doch andre, wie z. B. Jacobson, daß solches gar nicht lohgar gemacht werde, sondern bloß einen weißgahren Zustand besitze. Jenes ist indessen ein Irrthum, und muß dahin abgeändert werden, daß man zweyerley dänisches Leder, weißgahres und lohgahres fabricirt; es scheint also Jacobson nur das Erstere im Sinn gehabt zu haben.

§. 929.

Nach Jacobson sollen die dänischen Leder dadurch zubereitet werden, daß man die dazu bestimmten Lämmerfelle, nachdem sie aus dem Kalk gekommen und enthaaret worden sind, in einer Brühe aus Alaunauflösung aus Milch, Eyweiß und Olivenöl mit den Händen walkt, solche hierauf halb trocken werden läßt, und sie alsdann in einer Abkochung von Eichenholzasche zwey Stunden lang einweicht, welche ihnen die Farbe ertheilt, worauf sie geschlichtet, gestrichen und geglättet werden. Jenes ist aber die Methode zum weißgahren dänischen Leder. Man erhält hiedurch immer nur ein Leder, welches gleich andern weißgahren Ledern das Wasser leicht einsaugt, ein Erfolg, der an den gewöhnlichen dänischen Handschuhen nicht wahrgenommen wird, welche sich vielmehr durchaus wie wahres lohgahres Leder verhalten.

Achter Abschnitt.

Von der Weißgerberey überhaupt, so wie von der Alaunweißgerberey, der Fettweiß- oder Sämischgerberey, und der Pergamentfabrikation insbesondre.

§. 930.

Mit dem Namen Weißgerberey werden zusammengenommen diejenigen Behandlungen der Thierhäute bezeichnet, wodurch selbige ohne Anwendung der Lohe gahr gemacht, oder in einen solchen Zustand versetzt werden, daß dieselben nun zum Gebrauch im gemeinen Leben geschickt sind. Nach der verschiedenen Methode, welche dazu angewendet wird, so wie nach den verschiedenen Materialien, deren man sich dazu bedient, und endlich nach dem verschiedenen Gebrauch, wozu dergleichen Leder bestimmt sind, kann die Weißgerberey in die Alaunweißgerberey, in die Fett- oder Sämischgerberey, und in die Pergamentfabrikation unterschieden werden.

Erste Abtheilung.

Von der Alaunweißgerberey, oder der Fabrikation des Alaunweißgahren Leders.

§. 931.

Die Thierhäute welche man gewöhnlich weißgahr zu machen pflegt, bestehen in Kalbfellen, Hammelfellen, Bock- und Ziegenfellen, so wie in Lämmerfellen und Rehfellen; nicht selten werden aber auch dünne Roß- und Kuhhäute, zu weißgahren Leder verarbeitet, um solche zu Sielenzeug und andrer Riemerarbeit zu benutzen.

§. 932.

Die gesammten Operationen der Alaunweißgerberey lassen sich unterscheiden: 1) in das Einweichen oder Wässern; 2) das Schaben und Streichen auf dem Streichbaum; 3) das Enthaaren und die Behandlung im Kalk; 4) das Schwellen in der Kleye; 5) das Gahrmachen mit Alaun; 6) das Zurichten, Stollten und Streichen in dem Streichrahmen. Ich werde hier erst eine jede einzelne dieser Operationen näher entwickeln, und dann eine Erklärung derselben entwerfen, welche die Ursachen enthüllet, worauf sie sich gründen.

Das Einweichen oder Wässern.

§. 933.

Man weicht die Häute in fließendem Wasser ein, indem man sie mittelst einem Stock an der Waschbank befestiget, und so schwimmend im Wasser erhält, um das daran sitzende Blut hinweg zu schaffen, welches bey frischen oder grünen, von eben geschlachteten Thieren genommnen Häuten schon in wenigen Stunden erreicht wird. Hat man aber Lufttrockne Häute, so müssen selbige so lange im Wasser liegen bleiben, bis solche vom Wasser durchdrungen sind, und eine vollkommne Geschmeidigkeit angenommen haben; wozu nach der verschiedenen Temperatur, nachdem im Sommer oder im Winter gearbeitet wird, eine bald längere bald kürzere Zeit, aber doch immer die von wenigstens vier Tagen erforderlich ist. Hiebey muß man sich hüten, daß die Häute nicht in Fäulniß übergehen, welche sie zerstöhren würde.

§. 934.

Um das Durchweichen der trocknen Häute zu begünstigen, und sowohl bey diesen als bey den grünen Häuten den aus dem Wasser sich daran absetzenden Schlamm hinweg zu schaffen, ist es rathsam sie täglich wenigstens einmal im Wasser zu waschen. Ist diese Operation völlig beendigt, so werden die Häute aus dem Fluß genommen, und nun der fernern Bearbeitung unterworfen.

Das Schaben und Streichen.

§. 935.

Nachdem die Häute wohl durch geweicht, so wie vom

anklebenden Blute und andern Unreinigkeiten befreyet worden sind, werden solche, und zwar ein Dächer mit einemmal, auf den Gerbe- oder Streichbaum übereinander gelegt, und nun jede Haut einzeln mit dem Streicheisen wohl ausgestrichen, damit alles Wasser daraus hinweg geschafft wird. Ist so eine Haut nach der andern wohl ausgestrichen worden, so wird die letztere auf einen neuen Dächer Häute gelegt und auf denselben ausgestrichen, damit wegen der harten Unterlage das Fell nicht verletzt wird. Kalbfelle, und wenn sie angewendet werden auch Kuh- und Rößhäute, werden bloß auf der Fleischseite ausgestrichen. Hammelfelle so wie Schaaffelle und andere dickwollige Häute, werden aber auch auf der Haarseite ausgestrichen, um die Haare zu reinigen.

Anmerkung. Der Name Dächer, welches zehn Stück bedeutet, scheint nach Herr H. R. Beckmann wahrscheinlich von Decuria, der Zahl Zehn abgeleitet zu seyn.

Das Enthaaren der Häute.

§. 936.

Um die gereinigten Häute zur Enthaarung vorzubereiten, werden sie wenn es Schaaf oder Hammelfelle sind angeschwödet. Man breitet sie nemlich mit der Haarseite auf dem Boden Werkstätte aus, so daß die Fleischseite nach oben kommt, und bestreicht diese nun, mittelst dem Schwödelwedel (einem in Form eines Pinsels gestutzten Kuhschwanz), mit einem Brey, der aus gleichen Theilen gebranntem Kalk und Asche, mit Wasser angerieben, bereitet ist, so

daß

daß keine Stelle der Haut leer bleibt, man legt den Kopf und die Fußstellen nach der Fleischseite zu, und schlägt die Haut so zusammen, daß die Wolle nicht vom Kalk berührt wird. So bleiben nun die Häute drey bis vier Tage, oder überhaupt so lange liegen, bis die Wolle sich leicht auszupfen läßt; wobey es nothwendig ist, die geschwödeten Häute oft auseinander zu nehmen, um dem sonst erfolgenden Erhitzen derselben vorzubeugen.

§. 637.

Sind die Häute hinreichend angeschwödet, nemlich läßt sich die Wolle leicht ausrupfen, denn werden sie auf die Waschbank geschlagen, und der auf der Fleischseite sitzenden Kalk rein ausgewaschen, sie werden hierauf auf dem Rande der Waschbank zum Ablaufen des Wassers aufgehängt, und nun auch die Wollseite rein abgewaschen; worauf nun die Wolle ausgerupft wird, welche dann verkauft werden kann. So operirt man mit den Schaf- und Hammelfellen deren Wolle noch benutzt werden soll; Kalbfelle unb andere, deren Haare keinen sonderlichen Werth haben, werden nicht angeschwödet, sondern gleich im Kalkäscher zu Enthaarung vorbereitet.

§. 938.

Nachdem die angeschwödeten Häute von den meisten Haaren oder der Wolle durchs Ausrupfen befreyet worden sind werden solche von den übrigen Haarwurzeln auf dem Schabebaum völlig gereinigt. Die so entharten Häute werden Blößen genannt, und nun in den Kalkäscher gebracht. Zu dem Behuf rechnet man für hundert Stück Blößen ohngefehr einen Eimer voll frisch gelöschten Kalk. Man rührt ihn mit Wasser zur Kalkmilch an, schüttet das Gemenge in den Aescher, breitet eine Blöse nach der andern über der Kalkmilch aus, stößt sie, bevor eine andere hinzu kommt, darin unter; wobey man Sorge tragen muß, daß der Aescher während dem Einsenken der Häute oft umgerührt wird, damit die Blösen überall gleichförmig mit der Kalkmich bedeckt und durchdrungen werden. Man läßt sie einige Tage lang darin. Sie werden dann herausgenommen und aufgeschlagen, dem Aescher eine Portion frischer Kalk gegeben, abermals hineingebracht, und bleiben nun noch 3 Tage darin.

§. 939.

So operirt man mit den Blösen, welche von Schaf oder Hammelfellen gewonnen sind. Hat man aber Häute von andern nicht Wolle tragenden Thieren, so werden diese nicht angeschwödet, sondern samt den Haaren gleich in dem Kalkäscher behandelt, nachdem solche ausgestrichen worden sind: sie bleiben denn eine längere Zeit in dem Aescher als die Vorigen, worauf die Haare mit einem Stabe abgerieben werden.

§. 940.

Sind die Häute aus der Kälke gekommen, so werden sie verglichen: Das heißt, es werden nun die Spitzen der Füße, des Kopfs, die Theile über den Ohren, die Brustzipfel und der Schwanz abgeschnitten, welche Theile an die Leimsieder verkauft werden. Sie werden denn eine Nacht über in Wasser eingeweicht, und denn auf dem Schabebaum ausgestrichen, um sie vom Kelk vollends zu befreyen. Sie werden hierauf in einem hölzernen Gefäß (mit der hölzernen Stoß- oder Pumpkeule) gewalkt. Man verrichtet dieses Walken eine halbe Stunde lang: gießt dann Wasser zu, läßt es nach einiger Zeit wieder ab, gießt neues zu, und setzt das Walken während einem Zeitraum von drey Stunden fort.

§. 941.

Ist auch das Walken der Häute beendigt, so werden sie wohl ausgewaschen, im Wasser gut gespült, dann auf den Boden der Werkstatt geworfen damit das Wasser ablauffen kann, und dann in Milchwarmen Wasser nochmals nachgewaschen und gereinigt. Ist auch dies vollendet, so werden sie, ein Dächer mit einemmal, auf den Schabebaum geschlagen, und erst auf der Fleischseite, hierauf aber auf der Narbenseite gut ausgestrichen, durch welches letztere Streichen die Grundhaare der Narbenseite vollends hinweg genommen werden. Sie werden hierauf noch zweymal in Milchwarmen Wasser wohl gereinigt, worauf sie zur Schwellung in der Kleye vorbereitet sind.

Das Schwellen mit Kleye.

§. 942.

Um das Schwellen der Häute zu veranstalten, oder die Kleyenbeize vorzurichten, wird für hundert Stück Häute ein Berliner Scheffel gute Weitzenkleye erfordert. Man setzt ein Pfund Küchensalz hinzu, gießt 6 Eimer (80 Quart) Milchwarmes Wasser darauf, rührt alles wohl unter einander, und setzt das Umrühren so lange fort, bis die Kleye so gut vom Wasser durchzogen ist, das sie sich beym Eintauchen an die Hand ansetzt.

§. 943.

Ist so das Kleyenbad vorbereitet, so wird nun jedes Fell einzeln eine Zeitlang darin herum gezogen, damit die Kleye in allen Punkten desselben gut anfällt; die wohl in dem Kleyenbade durchweichten Häute, werden nun in ein andres Gefäß gethan, worauf das Kleyenbad wieder zur Temperatur der Milchwärme erhitzt, und denn auf die im Gefäß befindlichen Häute gegoßen wird. Man sorgt dafür, daß die Häute im Kleyenbade wohl untergetaucht sind, deckt das Gefäß zu, und läßt nun die Häute in dem Bade weichen.

§. 944.

Nach einem Zeitraum von 24 Stunden kommt das Kleyenbad, nebst den darin befindlichen Häuten, in Fermentation, und die Häute werden von den aufsteigenden Luftblasen emporgehoben. Man muß sie jetzt oft im Bade niederstoßen, weil diejenigen Theile, welche mit der Luft in Berührung stehen Sauerstoff einsaugen, und dadurch eine nicht leicht vertilgbare blaue Farbe annehmen. So läßt man sie während einen Zeitraum von drey bis vier Tagen in der fermentirenden Kleyenbeize ruhen, während welcher Zeit sie täglich einigemal darin niedergestoßen werden müssen. Wenn sie hinreichend gebeizt und geschwellt sind, erkennt man aus der Geschmeidigkeit der Häute; die man denn vor dem herausnehmen auch wohl noch einmal in der Beize walken läßt.

§. 945.

Haben sie die Kleyenbeize ausgestanden, so werden sie durch spühlen mit Wasser von der anklebenden Kleye gereinigt, und denn auf der Windestange mit dem Windeeisen gut ausgewunden, um die Wäßrigkeit hinweg zuschaffen, wobey man jederzeit vier Häute mit einemmal auswindet, worauf solche gleich in den Alaun gebracht werden.

Das Gahrmachen mit Alaun.

§. 946.

Das Gahrmachen oder eigentliche Weißgerben der aus der Kleye gekommnen ausgestrichnen und ausgewundenen Häute, wird nun in einer Brühe veranstaltet, die aus Alaun und Küchensalz zubereitet worden ist. Für einen Däch= dünne Häute, als Ziegen-Schaaf- oder Hammelfelle rechnet man 1½ Pfund Alaun (§. 253.), ½ Pfund Küchensalz und 8 Quart reines Flußwasser. Man erhitzt das Wasser in einem kupfernen (besser einem zinnern) Kessel bis zur Temperatur der Milchwärme, man rührt denn den Alaun und das Salz so lange in der Flüßigkeit um bis beyde aufgelöst sind, und läßt die Flüßigkeit sich absetzen und klären.

§. 947.

Um die Häute mit dem Alaunbade zu tränken, wird ein Quart jener Alaunbrühe in ein hölzernes Geschirr gegoßen, und nun eine Haut so lange darin herumgezogen und bearbeitet, bis solche hinreichend mit der Brühe durchdrungen ist. Man setzt nun dem Rest ein halbes Quart frische Brühe zu, und bearbeitet nun ein zweites Fell darin, und so fährt man fort, bis alle Häute mit der Alaunbrühe vollkommen getränkt und durchdrungen worden sind.

§. 948.

So wie eine Haut in dem Alaunbade bearbeitet worden ist, wird sie zum Abtröpfeln aufgehängt. Sind alle Häute aufgehängt, so wird eine nach der andern zusammengeschlagen, und mit den Härden geklatscht, damit auch alle innere Massentheile der Haut vom Alaun gut durchdrungen werden können. Man wirft sie nun zusammen in das Faß, worin vorher die Kleye enthalten war, und läßt sie, nachdem die Temperatur hoch oder nidrig ist, 24 Stunden auch wohl drey Tage darin liegen, bis solche die Gahre erhalten haben, welches man daran erkennt, daß sie beym Einschneiden mit einem Messer, im innern keine fleischige sondern eine faserige Temperatur erkennen lassen.

§. 949.

Ist die Gahrmachung vollendet, so werden die Häute über dem Fasse von zwey Arbeitern gut ausgezogen, über dem Fasse auf Stangen aufgehängt, nun mit der Narbenseite nach innen, der Länge nach zusammen geschlagen, und so auf Stangen oder Stricken zum Trocknen aufgehängt.

Das Zurichten.

§. 950.

Sind die Weißgahren Häute getrocknet, so werden sie in einen feuchten Keller gelegt, oder auch mit Wasser benetzt, und dann gestollet: nemlich sie werden auf der Stolle nach der Breite über die stumpfe Schneide der halben Scheibe weggestreift, um dadurch die Falten hinweg zu schaffen, die Felle auszudehnen, und sie geschmeidig zu machen. Sie werden hierauf abermals aufgehängt, um alle noch rückständige Feuchtigkeit auszutrocknen, hierauf geschlichtet und dann auf dem Streichschragen gestrichen.

Anmerkung. Die Stolle bestehet aus einer halben eisernen Scheibe, die an dem Umkreise stumpf, mit einem eisern Stiele versehen und an einen hölzernen befestigt ist. Der Streichschragen ist ein aus Horizontalen Latten und Kreutzfüßen zusammen gesetzter Bock. Die Streiche hat viel Aenliches mit der Stolle. Sie besteht aus einer halben eisern Scheibe, mit mäßig scharfer Schneide mit einem eisern Stiel, der mit einem hölzernen und mit Leder gepolsterten Handgriff versehen ist.

§. 951.

Sind die Felle so weit vorbereitet und gestollet, so werden sie in den Streichrahmen ausgespannt, und nun Stelle für Stelle auf der Fleischseite ausgestrichen, und zwar erst nach der Länge, und dann nach der Breite, worauf solche nun Kaufmannsgut sind.

Fabrikation des Französischen Leders, des Erlanger Leders oder Glanzleders.

§. 952.

So werden die dünnern Häute bearbeitet, welche zu weißgahren Ledern für die Handschuhmacher zu groben Arbeiten bestimmt sind. Zu dem Französischen oder Erlanger Leder welches bloß zu den feinsten weißen Dames Handschuhen verarbeitet wird, und in einer äußerst feinen sehr geschmeidigen, blendend weißen und glänzenden Lederart bestehet, wählt man nur die Häute von jungen Schaaf- und Ziegen

Lämmern auch wohl ungebohrnen Lämmern. So lange bis sie aus dem Kalkäscher kommen, werden sie ganz nach derselben Art bearbeitet, wie solches beym gewönlichen weißgahren Leder beschrieben worden ist: von nun an erhalten sie aber eine anderweitige Behandlung, die im folgenden bestehet.

§. 953.

Wenn die zum Glanzleder bestimmten Häute aus dem Kalkäscher gekommen und gut gereinigt worden sind, so werden sie in eine aus weißem Hundekoth mit warmen Wasser bereitete Kothbeize (§. 799.) gebracht, welche bis zur Temperatur der Milchwärme abgekühlt ist und 24 Stunden lang darin eingeweicht. Aus der Hundekothbeize kommen sie in das (§. 774.) beschriebne Kleyenbad, worin man sie ebenfalls 24 Stunden ruhen läßt. Sie werden nun langsam ausgestrichen, um sie sowohl von der inhärirenden Wäßrigkeit, als den Unreinigkeiten zu befreyen, und nun kommen sie in das Alaunbad.

§. 954.

Um jenen Häuten die Gahre zu geben, werden für einen Dächer oder zehn Stück ein Pfund Alaun, sechzehn Loth weißer Weinstein, und acht Loth Küchensalz in 8 Quart Milchwarmen Wasser aufgelöst. Alsdann reibt man das weiße von 8 Stück Eyern welches vorher zu Schaum geschlagen ist, nebst 8 Loth weißem Olivenöl, $1\frac{1}{4}$ Pfund des feinsten Weizenmehls, und einem Quart frischer Kuhmilch recht wohl untereinander um einen Brey daraus zu bilden, welcher hierauf mit der vorher beschriebnen Auflösung recht wohl zusammen gemengt wird.

§. 955.

In jener gemengten Brühe werden nun die Häute einige Stunden lang mit den Händen recht gut durchgewalkt, um solche möglichst gut mit der Beize zu durchdringen worauf man selbige noch 48 Stunden lang in der Brühe liegen läßt, nach welcher Zeit sie nun die Gahre erhalten haben. Sie werden denn aus der Beize herausgenommen, gereinigt, und getrocknet.

§. 956.

Die trocknen weißgahren Häute werden hierauf wieder gestollet, geschlichtet, und gestrichen; und zuletzt geglättet, indem man sie auf eine hölzerne oder noch besser marmorne Tafel ausbreitet, und die Narbenseite mit einer gläsernen Glättkugel reibt, bis der erforderliche Glanz hervorgekommen ist. Vor dem Glätten kann man jenem Leder auch einen dünnen Ueberzug von weißer Stärke (§. 189.) und aufgelöstem Traganthschleim (§. 188.) geben, wodurch Farbe und Glanz erhöhet werden.

Fabrikation des Alaunleders oder Ungarischen Leders.

§. 957.

Von dem für die Handschumacher bestimmten weißgahren Leder verschieden, ist das zu Riemer- und Sattlerarbeit bestimmte sogenannte Alaunleder, welches auch unter dem Namen des Ungarischen Leders bekannt ist, und schon seit der Mitte des sechszehnten Jahrhunderts in Frankreich fabricirt wurde. Jenes Leder welches nur aus starken Ochsen- Kuh- und Roßhäuten verfertigt wird, und zu Sielenzeug, so wie zu Hängerlemen der Kutschen und ähnlichen Bedarf bestimmt ist, zeichnet sich zwar durch eine geringere Biegsamkeit und Geschmeidigkeit von dem gewönlichen weißgahren Leder aus; es besizt aber dagegen mehr Dauer und Festigkeit, welche solches zu jenem Behuf qualificiren.

Bearbeitung nach französischer Art.

§. 958.

Zur Fabrikation jenes Leders wird folgendermaaßen operirt. Man weicht die Häute vorher 24 bis 48 Stunden in fließendes Wasser ein, um das daran sitzende Blut und andre Unreinigkeiten zu lösen, worauf die Haare mit einem scharfen Putzmesser abgeschoren werden. Man reinigt hierauf die enthaarten Häute nochmals, indem man solche im Wasser wäscht, ohne sie in den Kalk zu bringen, worauf sie aufgehängt werden, und wenn das überflüssige Wasser ausgetröpfelt ist, kommen sie nun gleich in eine Alaunbrühe.

§. 959.

Zu dem Behuf rechnet man auf eine Ochsenhaut 6 Pfund Alaun, und 3½ Pfund Küchensalz, welche zusammen in 15 bis 16 Quart heißem Wasser aufgelöst werden. Man läßt jene Auflösung bis zur Temperatur der Milchwärme (30 Grad Reaumur) abkühlen, legt alsdann die Haut in eine länglichtrunde hölzerne Wanne, die Narbenseite nach oben, und gießt nun einen Theil der gemachten Auflösung darauf. Nun tritt ein Arbeiter die Haut mit den Füßen, um solche in der Brühe gut durchzuwalken, und wenn dieses Treten einige Stunden lang fortgesetzt worden, auch die übrige milchwarme Brühe nachgegossen worden ist, so bleiben die Häute acht Tage lang in der Alaunbrühe, völlig untergetaucht, liegen. Man walkt sie denn abermals einige Stunden lang mit den Füßen wohl durch, läßt sie hierauf noch 24 Stunden in der Brühe liegen, worauf man sie aufschlägt, damit die überflüssige Feuchtigkeit ablaufen kann, und denn werden sie zum Trocknen aufgehängt.

§. 960.

Wenn die Häute beinahe ausgetrocknet sind, werden solche gerichtet. Zu dem Behuf legt man jede Haut einzeln auf den Fußboden, und schlägt sie zusammen so daß die Haarseite nach Innen kommt. Ein Arbeiter kniet auf der Haut nieder, und drücket mit einem zwey Fuß langen Stabe zwischen der Haut, und diese beständig nach sich zu, wodurch alle Falten aus derselben hinweggeschaffet werden. Ist dieses durchaus der Fall, dann läßt man die Felle vollends austrocknen, worauf sie mit einem runden glatten Stabe gewalzt werden; indem man denselben zwischen der Haut mit den Füßen herumrollet. Ist dies geschehen, so werden die Häute ein Paar Stunden lang an die Sonne oder in eine warme Stube gelegt, damit sie sich auflockern, worauf sie wie vorher gewalzt oder gewalkt, und dann mit Talg getränkt werden.

§. 961.

Um das Tränken mit Talg zu veranstalten, werden die Häute über glühenden Kohlen auf hölzernen Stangen aufgehängt, so lange, bis die Beinstücke anfangen weiß zu werden. Nun bringt man das Talg in einem eingemauerten Kessel zum Schmelzen, man breitet die Haut auf einem in der Nähe des Kessels placirten Tische aus, und reibt das schmelzende Talg mittelst einer wollenen Quaste auf der Fleischseite ein, und zwar so schnell wie möglich, damit solches vor dem Erkälten der Haut gut einziehen kann. Nun kehrt man die Haut um, und reibt auch die Haarseite mit Talg ein, welches indessen bloß mit dem fetten Quast veranstaltet wird, weil das heiße Talg den Narben leicht schaden könnte.

§. 962.

Sind alle Häute auf diese Art mit Talg getränkt worden, so legt man sie auf einen Haufen, man vermehrt nun das Kohlenfeuer, und nun wird jede Haut einzeln durch zwey Arbeiter über dem Kohlenfeuer hin und hergezogen, damit das Talg sich in alle Zwischenräume derselben vollkommen einziehen kann. Sie werden hierauf eine Zeitlang bedeckt, um das schnelle Erkälten zu verhüten, worauf sie, mit der Fleischseite nach inwärts, der freien Luft ausgehängt werden, damit das Talg erhärtet, und sie sind nun Kaufmannsgut.

Bearbeitung nach deutscher Art.

§. 963.

Jenes ist die Verfahrungsart, wie das Alaunleder in den französischen Gerbereyen zubereitet wird. In den deutschen Gerbereyen arbeitet man anders, und erreicht die Gahre des Leders viel schneller. In den deutschen Fabriken dieser Art bringt man die Häute, nachdem solche enthaart worden sind, ohne weitere Vorbereitung gleich in das Alaunbad.

Zur Zubereitung dieses Bades, rechnet man für jede Haut von 50 Pfund, 5 Pfund Alaun und 5 Pfund Küchensalz. Man läßt beyde zusammen in der erforderlichen Quantität heißen Wasser auflösen, und wenn die Auflösung bis zur Temperatur der Milchwärme abgekühlt ist, werden die Häute darin so lange mit den Händen gewalkt, bis alle Stellen derselben beym Zusammendrücken weiß erscheinen. Die Häute werden hierauf getrocknet, auf der Reckbank gereckt, und sie sind nun Kaufmannsgut.

§. 964.

Von diesem so genannten Alaunleder verfertiget man weißes, so wie schwarzes und braunes. Das Schwarze färbt man mit einer Abkochung von Kampechenholz und Alaun, und setzt dann Eisenbrühe hinzu. Dem Braunen ertheilt man die Farbe, indem solches in einer Lohbrühe oder Treibfarbe bearbeitet wird. Das Letztere gerbt man auch dadurch, daß man die enthaarten Häute mit gepulverten Alaun bloß bestreuet, und so die Gahre herankommen läßt; eine Operation die immer mit einem Verlust an Alaun begleitet ist.

Das Färben der weißgahren Leder.

§. 965.

Die Handschuhmacher pflegen dem weißgahren Leder allerhand Farben zu geben, als: schwarz, blau, roth, violet, gelb, grün, oliven, braun, rc. Zu dem Behuf werden die Farbenbrühen erst vorbereitet, dann das Leder zwey bis dreymal damit angestrichen, getrocknet, und auf der Fleischseite gestollet. Die Zubereitung dieser Farben übergehe ich, da solche auf mannigfaltige Art ohne große Kunst verfertigt werden können.

Bemerkungen über die verschiedenen Operationen der Alaunweißgerberey.

§. 966.

Nachdem ich nunmehr die praktische Verfahrungsart beschrieben habe, die man bey der Zubereitung des weißgahren Leders anzuwenden pflegt, werde ich nun noch einige Bemerkungen über dasjenige nachfolgen laßen, worauf die eigentliche Gahrwerdung desselben gestützt ist. Die wahre Gerbung dieses Leders schränkt sich vorzüglich auf zwey Arbeiten ein, nemlich die Beize in der Kleye, und die Beize im Alaun; sie sind die wichtigsten, die hier insbesondre berücksichtigt zu werden verdienen.

§. 967.

Was die Beize in der Kleye betrifft, so sehen wir ganz deutlich, daß solche auf eine Art von Schwellung der im Kalk behandelten Häute hinausläuft. Die mit Wasser angebrühete Kleye gehet erst eine weinigte, und hierauf eine saure Fermentation ein, und die gebildete Essigsäure wirkt dann gegen die Haut auf eine zwiefache Art, als ein Reinigungsmittel; weil die gebildete Essigsäure die Theile des Kalks welche noch in den Zwischenräumen der Haut zurück geblieben sind auflöset, und sie daraus hinweg schaffet. Als ein vorbereitendes, weil ein ander Theil der Essigsäure, die Gallerte mit dem Faserstoff der Haut zu vereinigen strebt, und solche aus dem Zustande der Mengung, in den Zustand der Mischung, versetzt, wodurch die Haut zugleich aufgelockert, und zum Eindringen des Alauns vorbereitet wird.

§. 968.

Der Alaun ist nun das wahre gerbende Mittel für die vorbereitete Haut: er ziehet die aufgelockerten Massentheile derselben wieder zusammen, und indem er seine neutralisirende Basis, nemlich die Thonerde daran absetzt, so giebt er der Haut eine andre natürliche Beschaffenheit: er verwandelt sie in eine gefilzte Faser, die jetzt nicht mehr in dem Grade vom Wasser gelöst wird als vorher, und die der Fäulniß in einem hohen Grade Widerstand leistet.

§. 969.

Die Anwendung des Alauns in Verbindung mit einem Theil Küchensalz, dienet vorzüglich dazu, den Alaun lösbar zu machen, seiner sonst leicht erfolgenden Kristallisation aus der Lauge vorzubeugen, und seine Eindringung in die Haut zu begünstigen.

§. 970.

Wenn der Alaun mit dem Küchensalz in Auflösung gesetzt wird, so wechseln beyde ihre Bestandtheile. Der Alaun ist aus Thonerde und Schwefelsäure, das Küchensalz ist aus Natron und Salzsäure zusammengesetzt. Treten beyde im aufgelösten Zustande mit einander in Verbindung, so verbindet sich die Schwefelsäure mit dem Natron, und erzeugt Schwefelsaures Natron oder Glaubersalz, die Salzsäure mischt sich hingegen mit der Thonerde, um Salzsaure Thonerde zu erzeugen, die nun leicht auflöslich, und nicht kristallisirbar ist; deren Wirkungen übrigens gegen die Haut, der des Alauns völlig gleich sind.

§. 971.

Da indessen das Verhältniß des Küchensalzes zum Alaun, dessen man sich gemeiniglich bedient, viel zu geringe ist, um allen Alaun zu zerlegen, und ihn in Salzsaure Thonerde umzuändern, so würde es rathsam seyn, gegen zwey Theile Alaun, wenigstens zwey Theile Küchensalz anzuwenden, um eine vollkommne Zerlegung des Erstern zu bewirken.

§. 972.

Ein Hauptumstand hiebey, welcher nie aus den Augen verloren werden darf, bestehet noch darin, daß man bemühet ist, völlig reinen Alaun, und völlig reines Küchensalz in Anwendung zu setzen: daß heißt in einem solchen Zustande, daß sie frei von Eisen sind. Man erforschet dieses, wenn man von dem Einen oder dem Andern etwas in reinem Wasser auflößt, und der Auflösung ein Paar Tropfen Gallustinktur (§. 287.) zusetzt. Wird hierdurch eine violette oder schwarze Farbe in der Auflösung hervorgebracht, so enthielten jene Substanzen Eisentheile eingemengt, und sie sind nun zur Weißgerberey völlig unbrauchbar.

§. 973.

In den Weißgerbereyen macht man oft die Erfahrung, daß das Leder gelbe Flecke bekommt, und man schiebt dieses fast durchaus dem Alaun allein zu, welches doch nicht immer der Fall ist. Nicht selten, und zwar in den meisten Fällen, stammt das Eisen aus dem Küchensalze her: daher

man

man billig nie eher ein bestimmtes Urtheil fällen sollte, bevor man nicht jeden Gegenstand für sich untersucht hat.

§. 974.

Uebrigens giebt es ein Mittel die gelb oder fleckigt gewordnen Häute wieder zu reinigen, und dies bestehet darin, daß man sie in eine Brühe einlegt, welche aus einem Pfunde concentrirter Schwefelsäure (Vitriolöl) mit 200 Pfund reinem Flußwasser gemengt ist. Man siehet hiebey die gelben Flecken völlig verschwinden und die Haut weiß werden. Man muß die so gereinigte Haut dann aber zu wiederholten malen so oft mit reinem Wasser spühlen, bis alle rückständige Säure vollkommen daraus hinweg geschafft worden ist.

Zweyte Abtheilung.

Von der Sämischgerberey, oder der Fabrikation des Sämischgahren Leders.

§. 975.

Unter sämischgahren Leder wird ein solches verstanden, welches ohne Anwendungen des Alauns und der Lohe, bloß durch das Walken mit Fett in einen brauchbaren Zustand versetzt worden ist, daß solches nun zu mancherley Arbeiten benutzt werden. Zu den Häuten welche sämischgahr gemacht werden, gehören die von Rehen von Hirschen, von Elendthieren, von Ziegen, von Schaafen, von Lämmern, so wie endlich auch die Ochsenhäute. Es ist übrigens einleuchtend, daß auch jede andre Art der Thierhäute sämischgahr gemacht werden kann, da die Natur und Beschaffenheit des sämischgahren Leders, nicht von der Natur der Haut, sondern von der Art ihrer Bearbeitung abhängt.

§. 976.

Die Zubereitung der zum Sämischgahren Leder bestimmten Häute wird völlig und in allen einzelnen Operationen, ganz nach derselben Art veranstaltet, wie solches bey den Alaunweißgahren detaillirt beschrieben worden ist. Da die sämischgahren Leder aber zum Tragen als Kleidungstücke bestimmt sind, wie zu Beinkleidern, Collets, Handschuhen ꝛc., und solche mit der Narbenseite angelegt werden, so wird die Narbe abgenommen, um sie dadurch zugleich geschmeidiger zu machen, und dem Eindringen des Oels beym Walken mehr Zwischenräume darzubieten. Sind sie daher enthaart, abgestoßen, gekalkt, verglichen, geputzt, gestrichen, gekleyet und ausgewunden, dann werden sie mit der dazu bestimmten Fettigkeit gewalkt.

§. 977.

Um das Walken der Häute mit der Fettigkeit zu veranstalten, bedient man sich bey feinen Häuten des Olivenöls, bey gröbern des Thrans (§. 392.) Man tränket die Häute, bald auf der Fleisch- bald auf der Narbenseite damit ein, und walkt die feinen mit den Händen, die gröbern hingegen in der Grube der dazu bestimmten Walkmühle. In den deutschen Gerbereyen hält man es gemeiniglich für gleichgültig, auf welcher Fläche der Haut das Tränken mit dem Oel oder der Fettigkeit veranstaltet wird; in den französische Gerbereyen geschiehet solches aber ausschließlich nur auf der Narbenseite.

§. 978.

Soll das Walken veranstaltet werden, so werden mehrere Häute übereinander ausgebreitet. Der Arbeiter taucht nun die Haut in ein Gefäß mit Thran, und bestreicht mit selbigem eine jede Haut dreymal. Sind auf diese Art zwölf Felle mit dem Thran bestrichen, so werden sie zusammen geschlagen, und in die Grube der Walkmühle gelegt; auf welche Art nun auch alle übrige Häute zubereitet, und in die Grube gebracht werden, so daß man zuweilen 80 bis 100 Stück mit einemmal bearbeitet.

§. 979.

Ist die Grube gefüllet, so werden die Hämmer der Mühle in Bewegung gesetzt, wobey die Häute durch den auf seiner Bahn verzahnten Hammer der Walkmühle, in der Grube stets im Kreise herum getrieben werden. Man setzt das Walken nun während einem Zeitraum von 3 bis 4 Stunden fort, und man findet dann daß die Fettigkeit eingesaugt ist. Jetzt werden nun die Häute aus der Grube herausgenommen, und ausgeschwungen, damit sie sich ausbreiten und die vom Hammer erhaltenen Eindrücke verschwinden; auch die während dem Walken entstandene Erhitzung derselben vermindert wird. Man hängt sie hierauf an einem Kühlen Orte auf Stangen, damit sie sich vollkommen abkühlen können; worauf sie, und zwar ohne Zusatz von frischem Thran, zum zweytenmal 3 bis 4 Stunden gewalkt werden.

§. 980.

Ist so das Walken der mit Fett vorbereiteten Häute vollendet, so werden sie übereinander gelegt um sich zu erhitzen oder zu gähren, wodurch sie sich färben nemlich eine gelbe Farbe annehmen; hierauf tritt der Arbeiter mit den Füßen auf das Kopfstück eines jeden einzelnen Felles, und ziehet solches nach der Länge aus, bis alle Falten verschwunden sind, worauf die Häute entweder an der Luft, oder in geheitzten Stuben vollends ausgetrocknet werden.

§. 981.

Um das überflüßige Fett hinweg zu nehmen, welches die Häute besitzen, werden solche in einer schwachen Lauge von Pottasche (Afterlauge) dreymal gewaschen. Das Kali der Pottasche vereinigt sich hiebey mit der Fettigkeit, ändert sie in Seife um, und macht sie mit dem Wasser mischbar. Die Masse welche hiebey gewonnen wird, nennt man in der Gerberey Degras, eine Benennug die wahrscheinlich von dem französischen Worte Dégras (Thran) oder dégraiſſer (Fett abnehmen) abgeleitet ist. In den Gerbereyen pflegt man jene ausgewaschne fettige Masse oder das Degras mit sauren Substanzen zu zerlegen, welche das Alkali daraus in sich nehmen, und die Fettigkeit absondern. Herr Seguin hat bewiesen daß jenes absonderte Fett die Beschaffenheit eines oxidirten Oels besitzt, das nun aufs neue zum Tränken und Walken der Häute angewendet werden kann.

§. 982.

Die so gereinigten Häute werden hierauf gefalzet, geschlichtet, gestrichen, und sind nun Kaufmansguth. Man färbt auch sämischgahres Leder schwarz, welches dann unter dem Nahmen des rauchschwarzen Leders bekannt ist; bey welchem die Narbenseite unverändert bleibt, die Fleischseite hingegen geschlichtet, und hierauf schwarz gefärbt wird.

Dritte Abtheilung.

Von der Pergamentgerberey, oder der Fabrikation des Pergaments.

§. 983.

Das Pergament, eine Benennung womit ein steifes glattes, biegsames, elastisches, sehr dauerhaftes, zum beschreiben und bemalen brauchbares, besonders zugerichtes Leder, bezeichnet wird, gehört ohnstreitig zu den Erfindungen des frühesten Zeitalters. Der gelehrte Beckmann bemerkt, daß man schon zu Herodots Zeiten auf Pergament schrieb; auch das Ptolomäus und Philadelphus die Feinheit der Häute bewunderten, worauf die griechischen Uebersetzungen der Biebel geschrieben waren. Dies beweiset also hinreichend, daß die Kunst Pergament zu fabriciren keinesweges in Pergamus erfunden worden ist, wie man gemeiniglich glaubt; sondern nur daß, als man dem König zur Anlegung der Bibliothek das Papier in Egypten vorenthielt, solches daselbst verbessert worden ist.

§. 984.

Die Häute deren man sich zur Fabrikation des Pergaments bedient, bestehen vorzüglich in Kalbfellen, Hammelfellen, Ziegenfellen, Bockfellen, Eselshäuten auch Schweinshäuten; die Bearbeitung derselben zum gedachten Behuf, kann füglich eingetheilt werden in: 1) das Wässern, oder Einweichen 2) das Behandeln im Kalk der das Enthaaren; 3) das Knäufen oder Kneissen und Nachhaaren; 4) das Brunnen oder die Bearbeitung im Brunnenäscher; 5) das Streichen und Schnüren; 6) das Klären und Reinigen; 7) das Schaben und Glätten; ich werde jede einzelne diese Operationen hier näher beschreiben.

Das Wässern oder Einweichen.

§. 985.

Man wählt die Häute von frisch geschlachteten Thieren, weil die trocknen selten ein gutes Pergament liefern. Man hängt die Häute, nach der verschiedenen Beschaffenheit der Thiere von welchen sie genommen worden sind, zwey vier bis acht Tage in fließendes Wasser ein, wäscht sie von Zeit zu Zeit darin einmal aus, um das daran klebende Blut und die andern Unreinigkeiten vollkommen daraus hinweg zu nehmen, worauf sie ausgestrichen, und durch die Behandlung im Kalk zur Enthaarung vorbereitet werden.

Das Enthaaren und Kalken.

§. 986.

Um die gewässerten Häute zur Enthaarung geschickt zu machen, werden diejenigen, von welchen man die Haare noch nutzen will, z. B. die Schaf- und Hammelfelle bloß mit Kalkbeize angeschwödet (§. 636.), andre aber z. B. die Kalbfelle gleich in den Kalkäscher gebracht, worin sie vier Wochen lang liegen bleiben bis sie enthaart werden. Die Schaf- und Hammelfelle werden nach dem Anschwöden enthaart, und dann abermal drey Wochen lang in den Kalkäscher gebracht. Sind beyde Arten enthaart, welche Operation nach derselben Methode veranstaltet wird, wie solches (§. 938.) beschrieben worden ist; so werden sie im Strom gewaschen, um allen daran sitzenden Kalk so vollkommen wie möglich hinweg zu schaffen.

Das Kneisen oder Nachhaaren.

§. 987.

Ist die Enthaarung vollendet, so werden die Häute gekneiset, nemlich die Grundhaare davon hinweg geschafft. Zu dem Behuf wird die Haut auf den Schabebaum geschlagen, solche mit dem scharfen Kneiseisen gestrichen, und so die Grundhaare sauber hinweg genommen; worauf sodann die Fleischseite vom überflüßigen Fleisch befreyet wird.

Anmerkung. Das Kneiseneisen bestehet aus einer Cirkelförmigen scharfen Klinge, die mit zwey hölzernen Heften oder Handgriffen versehen ist.

Das Brunnen oder die Behandlung im Brunnenäscher.

§. 988.

Wenn die Häute gekneiset sind, werden solche gebrunnet. Zu dem Behuf kommen solche in den Brunnenäscher, ein mit frischem klaren Kalkwasser gefülletes Faß, worin solche mit der Stange des Brunnenäschers ein bis zwey Stunden lang herum getrieben werden; eine Arbeit die dazu bestimmt ist, die Häute recht gut zu erweichen, und solche dadurch zum nachherigen Streichen auf der Fleischseite vorzubereiten.

Anmerkung. Der Brunnenäscher bestehet in einem Faße das mit klarem Kalkwasser gefüllet ist, über welchem eine starke Bohle liegt, in deren Mitte ein rundes Loch befindlich ist, in welchem sich eine Stange placirt befindet.

Das Streichen und Schnüren.

§. 989.

Wenn die Häute gut gebrunnet sind, werden sie auf dem Gerbebaum mit dem Streicheisen zweymal recht gut ausgestrichen, und zwar einmal auf der Narbenseite, und das zweytemal auf der Fleischseite, worauf solche nun geschnüret werden. Um das Schnüren oder Ausspannen der Haut in den Rahmen zu veranstalten, legt der Arbeiter in jeden Züpfel der Haut einen kleinen Kieselstein, schlägt den Züpfel um selbigen herum, und bindet ihm vermittelst einer Schlinge fest; nun stellt sich der Arbeiter vor eine Bank, legt die Schnüre zwischen die beyden Zacken des senkrecht stehenden Schnüreisens, so daß der Stein welcher sich in der Schlinge befindet, hinter die Zacken fällt, und ziehet die Schnur fest an, wobey der Stein die Schnur vor dem Abgleiten sichert.

§. 990.

Mit diesen Schnüren wird nun die Haut in den, aus vier Latten zusammengesetzten, mit hölzernen Pflöcken versehenen Rahmen befestiget, indem um jeden Pflock eine an der Pergamenthaut angebundenen Schnur umgewickelt, der Pflock mit einem eisernen Schlüssel oder Riegel angezogen, und so die Haut in allen vier Seiten des Rahmens gut ausgespannt wird.

Das Klären oder Reinigen der Häute.

§. 991.

Nun wird mittelst einem Ausspanneisen das noch in der

Haut sitzende Kalkwasser herausgeschaffet, indem man den Rahmen an eine Wand stellt, und die Haut mit vielem Nachdrucke streicht, jedoch so, daß die Haut nicht verletzt wird; weil wenn man die Haut mit dem Kalke trocknet, solche eine schwarze Farbe annimmt. Ist die Haut auf solche Art ausgestrichen, so wird nun die Fleischseite mit Kreide angestrichen, und solche mit einem Stück Bimsstein eingerieben, oder gebimset, um das Kalkwasser recht vollkommen heraus zu schaffen, so wie die Adern abzureiben, und die Haut zu klären und zu reinigen, worauf die Haut abermals mit einem stumpfen Ausspanneisen ausgestrichen wird. Jenes Einreiben mit Kreide und Ausstreichen, wird nun noch dreymal auf der Fleischseite wiederholt, bis die Haut von allem ihr inhärirenden Kalke vollkommen befreyet worden ist. Ist die Fleischseite so gut wie möglich gereiniget, so wird nun am Umfange der Haut das Leimleder abgeschnitten, und sie zuletzt nach der Länge der Haut nochmals mit Kreide angerieben, und zwar besonders stark am Umfang und an den Stellen des Hüftknochens, weil diese Theile schwammig sind, und die meiste Feuchtigkeit nach dem Brunnen zurückbehalten.

§. 992.

Nun wird der Rahmen nebst der darin ausgespanneten Haut umgewendet, und auch auf der Narbenseite das Kalkwasser zum zweytenmal mit einem scharfen Ausspanneisen herausgestrichen, ohne diese Fläche mit Kreide einzureiben; worauf denn der Rahmen der Sonne ausgesetzt wird, damit die Haut vollkommen austrocknen kann. Sollte es sich finden, daß einige dieser Häute Fettflecke erkennen lassen, so werden dieselben auf der Erde ausgebreitet, und die fettigen Flecke mit nassem gelöschten Kalk belegt, welcher solche völlig hinwegnimmt.

Das Schaben und Glätten.

§. 993.

Nachdem die Häute getrocknet sind, werden solche nun geschabt. Diese Arbeit wird mittelst dem Schabeeisen verrichtet, um die Oberfläche völlig zu reinigen, und eben zu machen, wobey der Pergamentschaber aber das Schabeeisen so führen muß, daß die Oberfläche etwas rauh bleibt. Nach vollendetem Schaben, wird nun die Oberfläche der Haut mit Bimsstein geglättet. Man schabet nemlich eine sehr fein geschlämmte angefeuchtete, und in Ballen geschlagene Kreide mit einem Messer über die Haut, und reibt dieselbe mit einem großen Stück abgeschliffenen Bimsstein so genau auf der Fläche der Haut ein, daß diese an keiner Stelle rauh bleibt, worauf solche nun zum Gebrauch fertig ist.

Verschiedene Sorten des Pergaments.

§. 994.

Jene Beschreibung zur Fabrikation des Pergaments enthält eine allgemeine Darstellung derjenigen Operationen, welche dabey überhaupt vorkommen. Man bereitet aber, nach dem mannigfaltigen Behuf zu welchem dasselbe angewendet werden soll, sehr verschiedene Arten des Pergaments, zu welchen man nicht nur verschiedene Arten der Thierhäute anwendet, sondern welche auch manche Abänderung in der Bearbeitung nöthig machen.

§. 995.

So unterscheidet man im Handel 1) das Schreibepergament; 2) das Malerpergament; 3) das narbige Pergament; 4) das halbnarbige Pergament; 5) das Stickerpergament; 6) das Trommelpergament; 7) die Rechenhäute oder das Oelpergament. Da jede Sorte eine Abänderung in der Bearbeitung erfordert, so werde ich solche nun näher bemerken.

Schreibepergament.

§. 996.

Das Schreibepergament, welches so wohl zum Schreiben als zur Pastellmalerey bestimmt ist, wird am besten aus Kalbfellen verfertiget, und zwar ganz nach der oben beschriebnen Methode. Dies Pergament muß zwar glatt, aber zugleich auch etwas rauh seyn, welche Eigenschaft ihm mit dem Schabeeisen ertheilt wird. Man kann dieses Pergament zwar auf beyden Flächen beschrieben, obschon die Fleischseite hiezu am meisten qualificirt ist.

Malerpergament.

§. 997.

Das Malerpergament, ist vorzüglich zur Miniaturmalerey bestimmt. Man wählt hiezu gleichfalls ein aus Kalbfellen fabricirtes Pergament, welches nicht rauh, sondern gleich glatt mit dem Schabeeisen geschabt worden ist, und überdies noch geleimet (geleimtränkt) wird, und dann noch einen Ueberzug von Bleyweiß erhält. Man kocht zu dem Behuf aus Pergamentschnitzeln mit Wasser einen Leim, setzt demselben etwas weiße Seife zu, und bestreicht nun damit das Pergament, vorzüglich auf der Narbenseite, um demselben Glanz zu geben, und ertheilt ihm nach dem Leimtränken noch einen zarten Anstrich von Bleyweiß. Das Letztere wird zu dem Behuf auf einem Reibestein mit Wasser abgerieben, dann mit einem Pinsel auf beyden Flächen sauber aufgetragen, und nach dem Trocknen des Anstrichs, das Pergament mit Bimsstein abgerieben.

Narbiges Pergament.

§. 998.

Das narbige Pergament, welches zum Einbande der Bücher bestimmt ist, unterscheidet sich dadurch von dem gewöhnlichen Pergament, daß die Haarseite desselben genarbt ist. Man verfertiget das narbige Pergament dadurch, daß, während man die Fleischseite wie gewöhnlich mit Kreide klärt, ausstreicht und reinigt, die Narbenseite nach dem Brunnen der Haut, mittelst einem Pinsel bloß mit Wasser überstrichen, und mit dem Ausspanneisen gereinigt wird, jedoch so behutsam, daß die Narben nicht verletzt werden. Das narbige Pergament unterscheidet sich also vom glatten, daß die Narbenseite gar keinen Anstrich von Kreide erhält.

Halbnarbiges Pergament.

§. 999.

Das halbnarbige Pergament unterscheidet sich vom Ganznarbigen dadurch, daß man die Narben mit dem Schabeeisen halb weggenommen hat, und daß dasselbe hernach durch das Leimtränken geglänzet, hierauf auch gegülbt wird. Auch dieses ist zum Einbinden der Bücher bestimmt. Man verwendet dazu gemeiniglich diejenigen Häute, deren Grundhaare sich nicht gut hinwegschaffen lassen, die sonst aber stark und dauerhaft sind. Um das Gülben solcher Pergamenthäute zu veranstalten, werden sie mittelst einem Pinsel, mit einer durch Wasser gemachten Abkochung von Kreuzbeeren (§. 325.) angestrichen.

Stickerpergament.

§. 1000.

Das Stickerpergament wird von den Goldstickern gebraucht, um dasselbe unter die Gold- und Silberfaden zu legen. Man bereitet solches wie das narbige Pergament, tränkt solches nach dem Schaben mit Leim, und giebt ihm einen Anstrich von Gülbe. Man wendet sowohl das Ganz- als das Halbnarbige Pergament zu diesem Behuf an.

Trommelpergament.

§. 1001.

Das Trommelpergament, welches zum Beziehen der Trommeln und Pauken bestimmt ist, muß durchscheinend und sehr elastisch seyn, um nach dem geschehenen Einspannen, wenn darauf geschlagen wird, einen sonorischen Schall zu erregen. Zu Pauken und großen Kriegestrommeln, wird solches aus Eselshäuten, zu ordinären Trommeln aus Kalbfellen, und zu Kindertrommeln aus Schaaffellen verfertiget. Die dazu bestimmten Häute werden im Kalkäscher behandelt, um sie zu enthaaren, dann auf dem Schabebaum gestrichen, um sie geschmeidig zu machen, hierauf nochmals in einem aus Kalk, Asche und Wasser bereiteten Brey behandelt, dann vom groben Fleische gereiniget, mit Wasser gewaschen, in den Rahmen ausgespannt und getrocknet. Nach dem Trocknen werden sie geschabt, und sie sind nun zum Gebrauch fertig.

Rechenhäute oder Oelpergament.

§. 1002.

Die Rechenhäute, auch Oelshäute und Oelpergamente genannt, zeichnen sich von jeder andern Pergamentart dadurch zu ihrem Vortheil aus, daß man so wohl mit Bleyfeder als mit Dinte darauf schreiben, und hierauf die Schrift nach Willkühr mit Wasser wieder auslöschen kann: daher dieses Pergament zu Schreib- und Rechnungstafeln ganz vorzüglich benutzt wird. Das beste Oelpergament wird aus Kalbfellen verfertigt. Bis zur Beendigung des Schabens, werden sie ganz nach derselben Art bearbeitet, wie das Schreibepergament, auch wrden solche auf beyden Flächen geschabt. Ist das Schaben vollendet, so wird ein aus Leimwässer mit Bleyweiß abgeriebner

Grund aufgetragen. Ist dieser Grund ausgetrocknet, so trägt man einen Ueberzug darauf, der aus feinem Bleyweiß mit Leinölfirniß abgerieben zubereitet ist. Dieser Auftrag wird auf beyden Seiten viermal nach einander wiederholt, wobey aber zu bemerken, daß jeder Anstrich vollkommen ausgetrocknet seyn muß, bevor ein neuer gegeben wird. Ist auch der letzte Anstrich vollkommen ausgetrocknet, so wird die Haut mit einem Schabeeisen vollends glatt geschabt. Die Farbe des Oelpergaments pflegt in der Regel Stroh- oder Wachsgelb zu seyn.

Anhang.

Fabrikation eines Oelpergaments aus verschiedenen Materialien.

§. 1003.

In England hat man seit einigen Jahren eine neue Art der Pergamentfabrikation eingeführt, wozu man nicht nur Häute von Kälbern, Eseln, Schafen, ꝛc., sondern auch Leinwand, dünnes Tuch, und Papier zur Basis nimmt; das man mit verschiedenen Farben färbt, und das zum Schreiben und für die Mahlerey brauchbar ist. Der Gegenstand verdient alle mögliche Aufmerksamkeit, deshalb ich hier eine Beschreibung jenes Verfahrens mittheile.

§. 1004.

Man spannet die Leinwand, das Tuch, oder das Papier, und wenn man eine Thierhaut anwenden will, auch diese, mittelst genau schließenden Preßhölzern, welche man fest zusammen schraubt und dann anziehet, in einem dazu eingerichteten Rahmen aus. Nun werden 6 Pfund vom feinstem Bleyweiß, 2 Pfund gebrannter und fein gemahlner Gips, und 1½ Pfund frisch gebrannter und an der Luft zerfallner Kalk zusammen gemengt, und das Gemenge auf einem Stein so genau mit reinem Wasser abgerieben, daß ein zwischen den Fingern unfühlbarer Brey daraus entstehet.

§. 1005.

Man läßt hierauf 6 Pfund vom feinsten Doppelleim aus Pergamentspänen über gelindem Feuer in reinem Wasser auflösen, gießt die Auflösung durch, schüttet hierauf den abgeriebnen feinen Brey hinzu, reibt alles recht wohl untereinander, und gießt noch so viel Wasser nach, bis die Masse eine solche Consistenz besitzt, daß solche mittelst einer Bürste aufgetragen werden kann.

§. 1006.

Nun wird jene Materie so eben wie möglich aufgetragen, wenn der erste Auftrag abgetrocknet ist, ein zweyter gegeben, und dann hierauf das Anstreichen zum dritten und viertenmal wiederholt, je nachdem das Pergament mehr oder weniger dick werden soll; worauf nun der letzte Anstrich, nachdem selbiger völlig ausgetrocknet ist, mit Bimsstein abgeschliffen wird.

§. 1007.

Nun erhält das Zeug einen öligen Ueberzug; der aus der Vermengung von vier Theilen an der Sonne gebleichtem Nuß- oder Leinöl, und einem Theil vollkommen hellen Leinölfirniß, durchs Vermengen zubereitet wird. Mit diesem

sem Firniß wird nun das Zeug drey bis viermal überzogen, nachdem jeder einzelne Ueberzug vorher völlig ausgetrocknet ist. Hiedurch wird der weiße Ueberzug, oder wenn man will der Gipsgrund, zu einer dauerhaften allen wäßrigen Einflüßen wiederstehenden Masse umgeändert. Auf diese Art gewinnt man ein völlig weißes Oelpergament, welches dem sonst gebräuchlichen Gelben vorgezogen zu werden verdient.

§. 1008.

Soll ein solches Pergament von andern Farben zubereitet werden, so setzt man diese dem Firniß vor dem Auftragen zu. Zur braunen Farbe sezt man auf 1 Pfund des Firniß 8 Loth braunen Ocher (§. 232.) und 6 Loth Bleyglätte zu, welche beyde Theile vorher mit altem klaren Leinöl abgerieben worden sind. Zur gelben Farbe, nimmt man auf 1 Pfund Firniß 8 Loth Operment und 6 Loth Bleyglätte mit Leinöl abgerieben. Zur rothen Farbe wählt man Zinnober oder Carmin; zur violeten den Kugellak mit etwas Berlinerblau; zu blauen das reine Berlinerblau; zur schwarzen das gebrannte Elfenbein, und so kann man nach Willkühr mehrere Farben darauf tragen.

§. 1009.

So wohl das weiße als auch die farbigen Pergamentarten dienen dazu, um mit Bleyfeder, mit Silberstift, mit Rothstift, mit Schieferstift, und mit Kreide darauf zu schreiben, zu zeichnen und zu malen, je nachdem die Farbe des Pergaments dem einen oder dem andern anpassend ist. Man siehet leicht ein, daß ein solches Pergament viel wohlfeiler seyn muß als das gewöhnliche, daß man solches in Flächen von jeder verlangten Größe produciren kann, und daß solches als Tapeten für fein gemalte Zimmer mit Nutzen anzuwenden seyn würde.

Neunter Abschnitt.

Von der Chagreingerberey, oder der Fabrikation des Chagreinleders.

§. 1010.

Die Fabrikation des Chagreins oder Chagrins ist eine morgenländische Erfindung von hohem Alter, die im Europäischen und vorzüglich in den Deutschen Provinzen noch gar nicht ausgeübt wird, so sehr sie selbiges auch zu verdienen scheint. Im Handel kennt man zweyerley Arten von Chagrein, die eine Art wird aus den Häuten von Pferden und wilden Eseln, die zweyte Art welche eigentlich kein wahrer Chagrein ist, wird aus Fischhäuten verfertiget, und zu Ueberzügen und Futteralen für Brillen, Ferngläser, ꝛc., verarbeitet.

Erste Abtheilung.

Fabrikation des ächten orientalischen Chagreins aus Roß- und wilden Esels- Häuten.

§. 1011.

Der ächte orientalische Chagrein wird von den Türken Sagri und von den Persern Sagre genannt;

die Tartaren nennen ihn Sauwer; aus der Türkischen Benennung Sagri ist vielleicht der bey uns gebräuchliche Name Chagrein entstanden. Die vorzüglichsten Chagreinfabriken befinden sich gegenwärtig in der Türkey, in Persien, in Armenien, in der Bucharey, zu Ismail, in der Moldau, und in Astrachan, woselbst der Chagrein von den daselbst wohnenden Armeniern und Tartaren zubereitet wird, welche die Kunst dazu ursprünglich aus Persien erhalten haben.

§. 1012.

Die Astrachanschen Saffiansabrikanten, verhandeln ihre Waaren an die in Kuban, Astrachan und Kasan wohnenden Tartaren, welche solche zur Verzierung ihrer aus Saffian verfertigten Stiefeln und Pantoffeln gebrauchen. Sie pflegen indessen vielen Häuten nur die erste Zubereitung zu geben, und solche dann an die Perser für 75 bis 85 Rubel das Hundert zu verkaufen, die nun die Bearbeitung vollenden, und die fertigen Häute durch ganz Europa verkaufen.

§. 1013.

Eine Beschreibung von der Fabrikation des Chagreins, verdanken wir den Herren Gmelin so wie Pallas und Beckmann, welche mir hier zum Wegweiser dienen sollen, um eine Anleitung zu entwerfen, nach welcher es möglich seyn wird, auch in Deutschland die Fabrikation des Chagreins zu veranstalten.

§. 1014.

Wie schon gedacht, verarbeitet man zu dem Chagrein Roßhäute und Häute von wilden Eseln. Aber nicht die ganze Haut des Thieres, sondern nur der hintere Streif auf dem Rücken, gleich über dem Schwanze, welchen man in Form einer Sichel, in der Länge von anderthalb russischen Ellen ($45\frac{1}{2}$ Rheinl. Zoll) nach der Quere über den Hüften des Thiers entlang, und etwas länger als eine breite Elle, in der Richtung der Rückenwirbel, herausschneidet, wird dazu angewendet; weil der übrige Theil der Haut zur Bereitung des Chagreins weniger geschickt ist. Um die so ausgeschnittenen Theile der Haut zu bearbeiten, wird nun folgendermaßen operirt.

§. 1015.

Die ausgeschnittenen Theile der Thierhäute, werden in einer Kufe mit Wasser eingeweicht, in welcher sie so lange liegen bleiben, bis die Epidermis sich löst, und die Haare abgenommen werden können. Nun wird jede einzelne Haut aus der Kufe genommen, auf ein Brett ausgespannt, solches in geneigter Richtung an einer Wand angelehnet, und nun die über dem Brette hervorragenden Enden der Haut, so wie die Haare, und die Epidermis, mit einem dem Schlichtmond ähnlichen Instrument, das Urak genannt wird, abgenommen; worauf die Enthaarten Häute zum zweytenmal in einer Kufe mit Wasser eingeweicht werden.

§. 1016.

Nach dem zweyten Eintauchen läßt man solche so lange in der Flüssigkeit, bis sie eine Art von Schwellung angenommen haben, dann werden sie wieder herausgenommen, mit der Fleischseite nach außen über Brettern ausgespannt, und nun die häutigen und faserigen Theile so vollkommen wie möglich hinweg genommen. Ist die Fleischseite vollkommen gereinigt, so wird nun auch die Haarseite zum zweytenmal so geschabt, und von den schleimigen Begleitung befreyet, daß die Haut zuletzt einer feuchten ausgespannten Harnblase ähnlich ist.

§. 1017.

Nun werden die vollkommen gereinigten Häute, über hölzerne Rahmen (man nennt sie Paelpi), welche die Form und Größe der Häute haben, so gleichmäßig wie möglich mit Bindfaden ausgespannt, dann zu wiederholtenmalen befeuchtet, und nachgespannet, um alle Unebenheiten zu vermeiden; dann werden die Häute abermals befeuchtet, und die Rahmen, in welchen sie ausgespannet sind, so nebeneinander gestellt, daß die Narbenseite nach oben zu stehen kommt.

§. 1018.

So vorgerichtet wird nun die Narbenfläche einer jeden Haut mit Allabuta bestreuet, worunter der aus schwarzen harten Körnern bestehende Same der wilden Melde (Chenopodium) verstanden wird, einer Pflanze die in der Nähe der Gärten und Meierhöfe südwärts der Wolga zu einer Höhe von fünf bis sechs Fuß wächst. Jener Same, welcher dazu bestimmt ist die Eindrücke in der Haut zu machen, wird entweder eingepresset, oder eingetreten, indem man die damit bestreueten Häute mit einem Stück Filz bedeckt, auf welchem die Arbeiter mit den Füßen herumtreten.

§. 1019.

Nach dem Einpressen des Meldesamens, werden die Häute mit der Narbenseite gegen eine Wand gestellt, um sie vor der Sonne zu schützen, und man läßt sie austrocknen. Nach dem Trocknen werden nun die mit den Samenkörnern bedeckten Häute aus den Rahmen herausgenommen, durch Rütteln und Schlagen die Samenkerne daraus abgesondert, und die Oberflächen der Häute erscheinen nun mit einer Menge Erhabenheiten und Vertiefungen bedeckt, so wie die ganze Haut eine hornartige Beschaffenheit besitzt.

§. 1020.

Jetzt schreitet man nun zum Glätten und Ebenen der Häute, um die hervorragenden Unebenheiten weg zu nehmen, ohne die durch den Samen gemachten Eindrücke zu verletzen. Zu dem Behuf wird die Haut in der Mitte einer dazu bestimmten Bank, die mit einem eisernen Haken versehen, und mit einem dicken Filz oder einer Lage Wolle bedeckt ist, mittelst eines von denjenigen Löchern in dem Haken eingehängt, welche zu ihrer Ausspannung im Rahmen dienten, und durch mit Gewichten versehene Schnüren, welche an den untern Faden befestigt sind, in Spannung erhalten.

§. 1021.

Ist die Haut auf ihrer Unterlage gehörig ausgespannet, dann beginnet man das Glätten derselben, welches mittelst zwey verschiedenen Werkzeugen veranstaltet wird. Das Erste von diesen, welches von den Tartarn der Tokar genannt wird, ist aus gestähltem Eisen verfertigt, und wie eine Sichel gekrümmt, das Zweyte ist der schon genannte Urak, und besteht in einer Art von Schabemesser.

§. 1022.

Man führt nun mittelst dem Tokar, mit der möglichsten Behutsamkeit über die Oberfläche des Chagreins hin, um die Unebenheiten hinweg zu nehmen, ohne die Oberfläche der Haut zu verletzen, welches wegen der Härte und hornartigen Beschaffenheit der Haut, die möglichste Vorsicht erfordert, um nicht die Eindrücke zu zerstören, welche durch die Samenkörner erzeugt worden sind. Um indessen auch diejenigen Unebenheiten hinweg zu nehmen, welche der stumpfe Tokar zurückgelassen hat, wird nun mit dem schärfern Urak nachgeholfen. Sind die Häute gut bearbeitet, so muß ihre Oberfläche vollkommen eben seyn, und nur wenig merkbare Eindrücke der Samenkörner erkennen lassen.

§. 1023.

Die so gereinigten Häute werden nun wieder in Wasser eingeweicht, um sie aufzuschwellen. Hierbey erheben sich die durch die Samenkörner niedergedrückten Punkte der Haut, und ragen nun über den Flächen hervor, welche nicht mit dem Samen bestreuet, und nach dem Pressen davon abgeschabt worden waren, hervor, wodurch sie nun das Korn oder die Narben erzeugen, die dem Chagrein eigen sind, und ihn von jedem andern Leder auszeichnen.

§. 1024.

Jetzt werden nun die Häute in eine mit Wasser gemachte Auflösung von reiner Soda (§. 109.), während sie noch mehr als milchwarm ist eingelegt, nachdem sie sich mit selbiger impregnirt haben herausgezogen, noch warm übereinandergeschichtet, und 4 bis 5 Stunden lang liegen gelassen, wodurch sie weich werden, und aufschwellen; worauf sie 24 Stunden lang in eine gesättigte Auflösung von Küchensalz eingeweicht werden. Sie nehmen durch das letztere Verfahren einen schönen farbenlosen Zustand an, welcher sie zur Annahme der Farben sehr geschickt macht.

§. 1025.

Jenes ist die Methode, nach welcher die Fabrikation des Chagreins von den Tartaren und Armeniern verrichtet wird. Nach Herrn Beckmann sollen die Häute, nachdem solche mit den Samenkörnern gepreßt, und hierauf geglättet worden sind, in einer Lohe getrieben, und so das Korn emporgehoben werden. Ist dieses der Fall, so wird dieses Treiben wahrscheinlich mit Galläpfeln verrichtet, da jedes andere gerbende Material die Häute zu sehr färben würde.

Von dem Färben des Chagreins.

§. 1026.

Man findet den Chagrein im Handel von mannigfaltigen Farben, als weiß, grün, blau, gelb, ꝛc. und es ist daher nun noch nöthig die Art und Weise zu beschreiben, wie diese Farben von den Armeniern und Tartaren hervorgebracht werden. Zur Darstellung des weißen Chagreins, werden die Häute auf der Narbenseite mit einer durch Wasser gemachten Auflösung von sehr reinem Alaun angefeuchtet. Ist diese Auflösung von selbigen eingesaugt worden, so werden sie mit einem Teige aus Mais-mehl (Mehl von türkischen Weizen) angestrichen, den man darauf trocknen läßt. Ist der Anstrich getrocknet, so erweicht man ihn wieder mit aufgelöstem Alaun, und wäscht die Haut so oft mit Alaunwasser ab, bis solche von allem Teig gereinigt ist, worauf man selbige der Sonne aussetzt, um vollends trocken zu werden.

§. 1027.

Ist so die Vorbereitung mit dem Alaun beendigt, so wird die Haut noch mit Fett durchdrungen. Zu dem Behuf reibt man dieselbe mittelst der Hand mit geschmolznem Hammeltalg ein, und läßt solches an der Sonne einziehen, welche Einsaugung, indem man die Haut mit den Händen drückt und knetet, sehr begünstiget wird. So mit Fett durchdrungen, wird nun eine Haut nach der andern an den Haken der Bank (§. 1020.) aufgehängt, und mit heißem Wasser übergossen, um das überflüssige Fett weg zu nehmen, welche Absondrung dadurch befördert wird, daß man die Oberfläche der Haut mit einem hölzernen Messer schabt. Die so gereinigte und zubereitete Haut, wird nun an den Rändern beschnitten, getrocknet, und ist zum Gebrauch fertig.

§. 1028.

Sollen die Häute roth gefärbt werden, so wird solches mit einer Abkochung von Kermes oder auch von Cochenille veranstaltet. Man bereitet die Abkochung dieser Farbenbrühe nach derselben Art, wie solches beym Saffian (§. 808.) beschrieben worden ist. In diese Brühe werden nun die vorher weißgemachten Häute 24 Stunden lang eingetaucht. Man legt zu dem Behuf die Häute in einem Eymer übereinander, gießt die Farbenbrühe zu verschiedenenmalen darüber, reibt hierauf die Häute mit der Hand, um die Farbe so gleichmäßig wie möglich darauf zu vertheilen, und die kleinen Zwischenräume mit derselben auszufüllen. Die so gefärbten Häute werden nach jeder wiederholten Aufgiessung der Farbenbrühe mit den Händen ausgedrückt, (um die überflüßige Feuchtigkeit hinweg zuschaffen), und dann endlich getrocknet.

§. 1029.

Zur Darstellung der grünen Farbe, welche beym Chagrein am meisten gesucht wird, wird von den Tartaren zart gefeiltes Kupfer und Salmiak (§. 116.) angewendet. Man löset den Salmiak in so viel reinem Wasser auf, als zu seiner gesättigten Auflösung erforderlich ist. Man streicht mit dieser Auflösung die aus der Salzbrühe gekommnen noch feuchten Häute auf der Fleischseite verschiedenemal an. Nun bestreuet man dieselbe Fläche mit einer dünnen Lage sehr zart gefeiltem Kupfer, und schlägt sie dann so zusammen, daß die bestreuete Fläche nach innen zu liegen kommt. So wird eine Haut nach der andern zubereitet, dann jede einzelne in ein Stück Filz eingerollet, und nun die sämmtlichen Rollen in einer Reihe nebeneinander gelegt, mit Brettern bedeckt, und mit Gewichten beschwert, in welcher gepreßten Lage solche nun 24 Stunden beharren. Hierdurch wird das Kupfer vom Salmiak aufgelöst, die Auflösung ziehet sich in die Zwischenräume der Haut ein, und ertheilt ihr die verlangte Meergrüne Farbe. Ist diese Farbe nach der ersten Operation noch nicht satt genug geworden, so wird sie zum zweytenmale wiederholt; worauf die Häute auseinander genommen, gereinigt und getrocknet werden.

§. 1030.

Sollen die Chagreinhäute blau gefärbt werden, so schüttet man 2 Pfund zum feinsten Pulver gemahlnen Indig (§. 156.) in einen Kessel, gießt kaltes Wasser darauf, und rührt das Gemenge mit einer hölzernen Keule, bis der Indig so vollkommen wie möglich in dem Wasser zertheilt worden ist. Hierauf setzt man 5 Pfund reine Soda hinzu, nebst 3 Pfund gebranntem Kalk, und 1 Pfund reinen Honig, rührt alles wohl untereinander, bis der Kalk sich gelöscht hat, und das Ganze in einen sehr dünnen Brey umgeändert worden ist, man setzt solches dann der Sonne aus, und wiederholt das Umrühren von Zeit zu Zeit, und verwahrt nun diese Farbenbrühe zum Gebrauch.

§. 1031.

Soll das Ausfärben der Häute darin veranstaltet werden, so kommen selbige nicht in die Auflösung von Küchensalz (§. 1024.), sondern sie werden vorher in eine Auflösung von Natron (gereinigter Soda) eingetaucht. Sie werden nun im noch feuchtem Zustande mit der Fleischseite zusammengelegt, an den Kanten zusammengenähet, dann dreymal hintereinander in einen schon erschöpften Satz von blauer Farbe eingetaucht, und nach jedesmaligem Eintauchen die überflüssige Brühe ausgedrückt. Hierauf werden sie nun zweymal in die frischbereitete Farbe eingetaucht, und nach jedem Eintauchen ausgedrückt; endlich kommen sie zum drittenmal in das Farbenbad, ohne nach dem Herausnehmen ausgedrückt zu werden. Sie werden dann im Schatten getrocknet, nach dem Trocknen gereiniget, die Kanten beschnitten, und nun sind sie zum Verkauf fertig.

§. 1032.

Um die Chagreinhäute schwarz zu färben, werden solche, so wie sie aus der Auflösung des Küchensalzes kommen, auf der Fleischseite mit feingepulverten Galläpfeln überstreuet, dann wie vorher bemerkt worden zusammengeschlagen, übereinander geschichtet, und 24 Stunden in Ruhe gelassen. Hierauf taucht man jede Haut zu wiederholtenmalen in eine mit Wasser gemachte Auflösung von Natron ein, die so heiß ist, daß man die Hand darin leiden kann, dann werden die Häute zum zweytenmal mit Gallus bestreuet, und übereinander geschichtet, damit sie sowohl von der Gallussäure als vom Gerbestoff völlig durchdrungen werden. Sie werden hierauf getrocknet, und um den Staub davon zu trennen geschlagen.

§. 1033.

Die so gegerbten und gereinigten Häute werden hierauf auf der Narbenseite mit geschmolzenem Talg eingerieben, das Einsaugen des Fettes nach der (§. 1027.) beschriebnen Art befördert, und das überflüssige Fett mit einem hölzernen Messer abgeschabt. Nun wird die Oberfläche der Häute mit einer concentrirten Auflösung von Eisenvitriol angefeuchtet, und man siehet fast augenblicklich die schwarze Farbe hervorkommen. Die Häute werden nun nach dem Trocknen gereinigt, die Kanten beschnitten, und sie sind zum Verkauf bereit.

Chagreinartig gepreßtes Leder.

§. 1034.

Von dem ächten Chagrein verschieden ist das Chagreinartig gepreßte Leder. Man verfertigt dieses Leder vorzüglich in Frankreich aus Ziegenfellen, denen man, indem sie mittelst heißen Kupferplatten gepreßt werden, die überall mit kleinen Erhebungen versehen sind, eine körnigte Oberfläche giebt. Diesem verwand ist auch dasjenige Leder, dem mittelst den Fischhäuten (§. 1036.) die körnigen Eindrücke gegeben worden sind.

Zweyte Abtheilung.

Fabrikation der Fischhäute oder des Fischhaut-Chagreins.

§. 1035.

Man nimmt die Benennungen Chagrein und Fischhäute gemeiniglich als gleichbedeutend, sie müssen aber billig wesentlich von einander unterschieden werden. Der ächte orientalische Chagrein, dessen Zubereitung nur aus Roß- oder wilden Eselshäuten veranstaltet wird, ist eine der ältesten orientalischen Erfindungen, anstatt daß die Kunst die Fischhäute zum Gebrauch zuzubereiten, von den Chinesen abzustammen scheint. Eben so unrichtig ist es wenn man glaubt, daß diese dem ächten orientalischen Chagrein einigermaßen ähnlichen Häute aus den Häuten der Seehunde (Phocis) zubereitet werden, eine Meinung die bloß daher abzustammen scheint, daß die zubereiteten Fischhäute in Frankreich unter dem Namen Peaux de chien de mer bekannt sind, und daß diejenigen Arten der Hayfische, aus deren Häuten jene Fischhaut zubereitet wird, zuweilen Hunde, oder Hundefische, auch Doggefische genannt werden. Der berühmte Beckmann *) hat über die Natur und Zubereitung der Fischhäute, oder des Chagreins aus Fischhäuten, eine sehr umständliche Erläuterung gegeben, aus dem das Folgende mitgetheilt werden soll.

§. 1036.

Die wahre Fischhaut oder das Fischhautchagrein, bestehet aus einer auf der äußern oder obern Fläche mit kleinen scharfen Erhebungen besetzten Haut, welche einerseits von den Hutmachern, so wie zum Abreiben und Glätten der aus Elfenbein, aus Knochen, und aus Holz fabricirten Waaren, welche lakirt werden sollen, gebraucht wird; anderseits gebraucht man sie in der Gerberey, um die gepreßten Häute damit darzustellen; zu welchem Behuf die schönsten feinnarbigen Fahlleder mit der Narbenseite auf eine Fischhaut gelegt, und dann mit der Blankstoßkugel gestrichen werden, um ihnen starke Narben zu ertheilen. Endlich werden die Fischhäute so zugerichtet, daß daraus Ueberzüge und Futterale für Ferngläser, Brillen, rc. von überaus angenehmen Ansehen verfertigt werden können, wie solches weiterhin beschrieben werden soll.

§. 1037.

Die Fische deren Häute zu dem Behuf zubereitet werden, bestehen in den verschiedenen Arten der Hayfische (Squali), welche im Weltmeere, vorzüglich im nördlichen, im südlichen, im mitländischen Meere, häu-

*) J. Beckmann Vorbereitung zur Waarenkunde rc. 1. Th. Göttingen 1794. S. 193. rc.

figer in der Nordsee, und seltner in der Ostsee leben. Ihre Haut ist, statt mit Schuppen, mit größern oder kleinern, gröbern oder feinern Stacheln besetzt, die nach dem Schwanze zu etwas gebogen oder geneigt sind, so daß man ihre Schärfe weniger bemerkt, wenn man in der Richtung vom Kopfe nach dem Schwanze oder nach den Seiten herunter mit der Hand streicht. Von jenen Fischen kennt man vorzüglich sechs verschiedene Arten, deren Häute benutzt werden, nemlich den getiegerten Hay, den kleingefleckten Hay, das Seeschwein, den Meerengel, den Dornhay und den Carcharias oder Menschenfresser, und außer diesen wird auch noch die Haut vom Engelrochen oder Engelsfisch, der viel kleiner ist, und bey Genua und Neapel gefunden wird, zu gleichem Behuf verwendet.

§. 1038.

Sollen die Häute gedachter Fische zur Handelswaare zubereitet werden, so werden solche gleich nach dem Abziehen ausgespannt, auf ein Brett genagelt, und um das Entstehen der Runzeln zu verhüten, langsam getrocknet; wobey die Flossen daran gelassen werden, welche sich durch ein sehr feines Korn auszeichnen, und insbesondre zu feinen Arbeiten gewählt werden. Die meisten dieser Häute kommen aus Portugal; und in Deutschland werden solche über Bremen und Hamburg gezogen.

§. 1039.

Um sie so zuzurichten, wie sie unter dem Namen von Chagrein zu gebrauchen sind, mit welchen sie jedoch nicht verwechselt werden dürfen, werden die Stacheln und Spitzen abgeschliffen. Man besitzt auch dergleichen zubereitete Fischhäute, die glatt und glänzend sind, und in einem dunkelgefärbtem Grunde, größere und kleinere hellfarbige helldurchsichtige Flecken erkennen lassen, so daß das Ganze das Ansehen einer aus halb durchsichtigen Steinchen, (die aneinander gekuttet, abgeschliffen und poliert sind) gebildeten Mosaike besitzt.

§. 1040.

Um diese Zurichtung zu veranstalten, wählt man eine Haut mit etwas starken uud sternförmigen Stacheln. Man schleift die Spitzen auf einem Sandstein so ab, daß sie sämtlich eine gleiche Höhe bekommen. Nun färbt man die Haut, grün, gelb, oder auch mit einer andern Farbe; und wenn dieses geschehen ist, gießt man die Zwischenräume welche sich zwischen den hervorragenden Stacheln befinden mit geschmolznem schwarzen oder rothen Siegellack aus. Man glättet nun das Ganze mittelst eines in Oel getauchten Lappens; und so entsteht ein schwarzer oder rother Grund, in welchem die halbdurchsichtigen Erhebungen der grün gefärbten Hautstacheln wie eingekuttet erscheinen. Jene Zubereitung ist es insbesondre deren Erfindung den Chinesen zugehört, und die bis jetzt vielleicht nur allein in Frankreich in Ausübung gesetzt wird. Uebrigens ist zu bemerken, daß dieser Ueberzug nur erst dann veranstaltet wird, wenn man der vorher erweichten Haut schon die erforderliche Form gegeben hat.

Zehnter Abschnitt.

Von der Gerbung des Leders mit Eisenvitriol, und andern metallischen Salzen.

§. 1041.

Die Auflösungen der Metalle in den sauren Salzen, zeichnen sich in der Regel durch einen mehr oder weniger ätzenden, aber immer zusammenziehenden Geschmack aus, und Thierhäute die man hineintaucht, werden eben so genarbt, wie in der Extraktion von Eichenrinde. Jener Erfolg findet insbesondre bey denjenigen metallischen Auflösungen statt, in welchen das Metall einen hohen Grad der Oxidation angenommen hat, nemlich in welchen solches den meisten Sauerstoff gebunden enthält.

§. 1042.

Zu dergleichen Auflösungen gehören vorzüglich die des Zinnes im Königswasser, die des Bleyes in der Salpetersäure, die des Kupfers in der Salpetersäure, so wie das Salpetersaure und das rothe Schwefelsaure Eisen. Sie haben nicht bloß die Eigenschaft die grünen Thierhäute zu narben, sondern solche nehmen sogar, wenn sie lange genug darin eingetaucht bleiben, einen wahren gegerbten Zustand an.

§. 1043.

Jene Eigenschaft der metallischen Auflösungen, scheinen den Engländer Herrn Ashton geleitet zu haben, indem er die Erfindung gemacht zu haben glaubte, mit dergleichen

Mitteln ein gegerbtes Leder darzustellen, daß dem mit Eichenlohe gahrgemachten in seiner Güte gleich kommen soll. Ashton erhielt unterm 16. Januar 1794 von der englischen Regierung ein Patent auf seine Erfindung, und er war dreist genug sein angebliches Geheimniß andern Staaten gegen ein Equivalent von 30000 Thalern zu offeriren.

§. 1044.

Jenes Anerbieten, und die demselben beygefügten Proben des Ashtonschen Sohlleders, gaben mir Gelegenheit solches kennen zu lernen und zu untersuchen; und es bedurfte in der That sehr wenig Mühe um zu finden, daß das zu jenem Leder gebrauchte gerbende Material nichts anders, als Schwefelsaures Eisen oder Eisenvitriol ist; auch gelang es mir durch meine eigne Arbeiten ein Leder zu produciren, das dem aus England erhaltenen in allen Stücken gleich kam.

§. 1045.

Späterhin hat Ashton sein Verfahren selbst bekannt gemacht, die Vorschriften dazu habe ich schon früher angezeigt *), sie sind aber von solcher Art, daß Ashton entweder dadurch sein vermeintliches Geheimniß absichtlich hat verstecken wollen, oder man müßte die möglichste Unwissenheit desselben voraussetzen, denn die Materialien die derselbe vorschreibt, und die Behandlung die er empfiehlt, sind so wieder sprechend, daß es eines Theils unmöglich ist den vorgesetzten

*) Hermbstädts Journal für Lederfabrikanten und Gerber rc. 1. Band S. 306.

Zweck dadurch zu erreichen, so wie andern Theils ganz einander entgegengesetzte Erfolge daraus hervorgehen müssen. Statt aller weitern Kritik über jene Methode des Ashton, werde ich hier diejenigen Verfahrungsarten beschreiben, welche ich durch eigene darüber angestellte Arbeiten, als die besten ausgemittelt habe.

Erste Methode.

§. 1046.

Man füllet irdene oder eiserne Töpfe mit einem gemeinen Eisenvitriol, setzt solche über glühende Kohlen oder brennenden Torf, und läßt sie so lange darüber stehen, bis die ganze Masse in den Zustand einer trocknen Substanz von hellgelber Farbe übergegangen ist, welche gelb kalzinirter Eisenvitriol genannt wird. Jener gelb kalzinirte Eisenvitriol wird hierauf zerkleinert, und in einem eisernen Kessel in zwanzig Theilen siedendem Flußwasser aufgelöst, worauf man das Trübe absetzen und die Auflösung sich klären läßt: sie siehet jetzt rothgelb aus, ist durchsichtig, und besitzt einen sehr zusammenziehenden Geschmack.

§. 1047.

Jene klare Auflösung des Eisenvitriols, wird hierauf mit ihrem gleichen Umfang reinem Flußwasser verdünnet, in eine hölzerne Wanne oder Kufe gegossen, und nun die zu gerbende Haut, nachdem solche vorher eine Stunde lang darin herumgeschwenkt worden ist, darin untergetaucht. So bleibt sie in der Brühe liegen, wobey sie stets mit der Flüssigkeit bedeckt seyn muß. Sie wird alle Tage einmal umgewendet, oder wenigstens in der Brühe herumgezogen, und damit so lange fortgefahren, bis solche eine gahre Beschaffenheit erkennen läßt: worauf sie herausgenommen, am Fluß gut gewaschen, getrocknet und appretirt wird.

§. 1048.

Die vorhergehende Zubereitung der Häute, welche mit Vitriol gegerbt werden sollen, ist von der sonst gewöhnlichen nicht verschieden. Starke Ochsenhäute werden vorher nach gewöhnlicher Art geschwellet, welches mit einer sauren Schwellbeize aus Schrot oder Kleye, oder auch mit verdünneter Schwefelsäure verrichtet werden kann. Nur Gallussäure oder ausgegerbte Lohbrühe, darf hiebey nicht zum Schwellen in Anwendung gesetzt werden; so wie man überhaupt das Hinzukommen irgend eines den Gerbestoff oder die Gallussäure enthaltenden Materials abwenden muß, weil sonst die gegerbten Häute eine schwarze Farbe annehmen.

Zweyte Methode.

§. 1049.

Nach einer zweyten Art kann diese Gerbung des Leders veranstaltet werden, wenn man an die Stelle des Eisenvitriols eine mit irgend einer Art von Essig gemachte Auflösung des Eisens anwendet, welche das Eisen in einem möglichst vollkommnen Zustande der Oxidation enthält. Man erreicht diesen Zweck, wenn man das Eisen im gerosteten Zustande mit Essig in einem Fasse übergießt, die Masse oft umrührt, und nun abwartet, bis eine braune zusammenziehend schmeckende Auflösung entstanden ist. Man verdünnet diese

Auflösung des Essigsauren Eisens mit ihrem zehnfachen Gewicht reinem Flußwasser, und bearbeitet nun die Haut darin ganz nach der vorher beschriebnen Art. Diese Behandlung mit dem Essigsauren Eisen, ist zwar kostbarer als die mit dem Schwefelsauren Eisen, aber die damit gegerbten Häute zeichnen sich durch eine schönere Farbe, und durch einen mehr weichen, weniger spröden Zustand, als die mit Eisenvitriol gegerbten aus.

Dritte Methode.

§. 1050.

Man löse 10 Pfund gewöhnlichen Eisenvitriol in 60 Pfund siedendem Wasser auf. Man setze der Auflösung 2 Pfund starke Salpetersäure zu, rühre alles wohl um, und lasse die Auflösung in einer hölzernen Wanne erkalten. Man verdünne nun die Auflösung mit ihrem doppelten Umfange von reinem Flußwasser, und behandle hierauf die Haut in derselben ganz nach der vorher beschriebnen Art. Die Salpetersäure wirkt hierbey als ein Mittel, wodurch dem Eisenoxid im Vitriol eine große Quantität Sauerstoff gegeben wird, durch welchen solches nun, in Verbindung mit der dabey befindlichen Schwefelsäure, eine adstringirende Auflösung darstellt.

Vierte Methode.

§. 1051.

So erreicht man endlich auch den Zweck, nemlich den Eisenvitriol zum Gerben der Thierhäute geschickt zu machen, wenn man demselben bey seiner Auflösung im siedenden Wasser 5 Procent Salpeter zusetzt. Der Salpeter wird hiebey zerlegt, ein Theil der Schwefelsäure des Vitriols verbindet sich mit dem Kali des Salpeters, und treibt die Salpetersäure aus. Diese giebt einen Theil ihres Sauerstoffs an das im Vitriol enthaltene schwarze oder unvollkommne Eisenoxid ab, und ändert solches in rothes oder vollkommnes Oxid um, das nun, in Verbindung mit der Schwefelsäure, die adstringirende Auflösung darstellt, welche in diesem Zustande das Gerben der Haut veranstaltet.

§. 1052.

Hier sind also vier verschiedene Methoden zum Gerben der Thierhäute mit Schwefelsaurem Eisen, sie gewähren sämmtlich einerley Erfolg, sie unterscheiden sich aber in Hinsicht der Kosten. Die wohlfeilste Methode ist die Erste, mit dem gelbkalzinirten und im Wasser aufgelösten Vitriol. Die beste Methode aber ist die mit dem Essigsauren Eisen, sie ist aber auch die kostbarste; die damit gegerbten Häute sind aber viel weicher und geschmeidiger, als die andern, wie solches bereits oben bemerkt worden ist.

§. 1053.

Wenn die Gerbung nach der einen oder der andern der eben beschriebnen Methoden veranstaltet wird, so dauert die Gerbezeit für eine Ochsenhaut 4 Monat, für eine dünne Kuhhaut oder eine Roßhaut 2 bis 3 Monat, und für ein Kalbfell 3 bis 4 Wochen; doch hängt die Zeit des Gahrwerdens von der Dichtigkeit der Auflösung, nemlich von der Menge des gelösten Eisenoxids ab, welches darin enthalten ist. Wenn indessen gleich die Gahrwerdung um so später erfolgt, je schwächer die Gerbebrühe ist, so zeigen doch auch wieder die langsamer gegerbten Häute einen feinern, weichern, und mehr elastischen Zustand, und verdienen den in stärkern Brühen gegerbten, welche mehr spröde und brüchig sind, weit vorgezogen zu werden.

§. 1054.

Mann kann also auf diesem Wege Sohlleder und Oberleder gerben; wobey aber zu bemerken, daß die zu Oberleder bestimmten Kalbfelle, so wie alle übrige welche im Kalkäscher bearbeitet worden sind, vorher von allem noch inhärirenden Kalk vollkommen befreyet seyn müssen, bevor solche in die vitriolische Gerbebrühe gebracht werden. Wiederholtes Spülen mit fließendem Wasser ist hierzu nicht hinreichend, besser ist es die aus dem Kalk gekommnen Häute vorher in einem Sauerwasser aus Gerstenschroot, oder in verdünneter Schwefelsäure zu behandeln, wodurch in beyden Fällen der Kalk hinweggenommen wird.

Beschaffenheit der durch Vitriol gegerbten Häute.

§. 1055.

Die durch den Eisenvitriol gegerbten Häute zeichnen sich durch eine rostgelbe Farbe aus, sie zeigen beym Kauen im Munde einen süßlichzusammenziehenden Geschmack, und färben sich augenblicklich schwarz, wenn sie mit einer Brühe von Eichenrinde, oder irgend einem andern Gerbestoffhaltigen Material zusammen kommen. Es ist daher eine Unwahrheit wenn Ashton behauptet, er gebe seinen gegerbten Häuten, vor oder nach der Gerbung die Farbe mit Eichenlohe. Es setzt dieses einerseits Mangel an Sachkenntniß voraus, und andernseits muß er diese Methode nicht einmal selbst versucht haben, weil er sonst überzeugt worden seyn würde, daß man auf diesem Wege keine braune, sondern schwarzgefärbte Häute erhält.

§. 1056.

Untersucht man die durch Eisenvitriol, oder auch durch andre adstringirende Metallauflösungen gegerbten Häute, es mögen Sohl- oder Oberleder seyn, so scheinen selbige dem äußern Ansehn nach eine gute Beschaffenheit zu verrathen. Selbst beym Einschneiden mit dem Messer nimmt man nichts wahr, was verwerflich wäre, und dennoch taugen solche nichts zum Gebrauch, wie ich gleich bemerken will.

§. 1057.

Weicht man jene gahren Häute in reines Wasser ein, so nimmt dieses sehr bald eine gelbliche Farbe und einen Eisenhaltigen Geschmack an, die Haut verliert ihre vorige Festigkeit, sie wird weich und fleischig. Setzt man Salzsäure hinzu, so nimmt sie allen Eisengehalt aus der Haut in sich, und sie ist nun von einer völlig rohen Thierhaut wenig verschieden. Hieraus folgt also, daß der Eisenvitriol zwar die Eigenschaft besitzt, die Faser der Haut zusammen zu ziehen, keineswegs aber sie so zu gerben, wie solches die adstringirenden Vegetabilien, vermöge des darin enthaltenen Gerbestoffes ausüben; und man kann daher sagen, daß der Eisenvitriol die thierischen Häute zwar zusammenziehet, keinesweges aber, daß er dieselben wirklich gerbt oder gahr macht.

§. 1058.

Jenes wird hinreichend seyn, um zu überzeugen, daß die von Ashton vorgeschlagene Gerbungsart mit metallischen Auflösungen, keineswegés zur Ausübung im Großen angewendet werden kann, wenn man nicht ein schlechtes Leder dadurch produciren will, mit welchem jeder Schuhmacher oder andere Abnehmer betrogen seyn würde. Ueberdies läßt sich auch nicht einsehen, warum man nach einer Erfindung trachtet, das Leder ohne Lohe zu gerben, da an Lohe gar kein Mangel ist, wenn man nur nicht gerade Eichenlohe verlangt, die aber entbehrt werden kann, da sie nur vermöge des darin befindlichen Gerbestoffes wirkt.

Anhang.

§. 1059.

Endlich hat noch vor ganz kurzer Zeit Herr Hatchett ein englischer Physiker bewiesen, daß wenn man Torf oder andre verbrennliche Materialien mit Salpetersäure siedet, und den Rückstand mit Wasser auslaugt, eine braune zusammenziehend schmeckende Substanz gebildet wird, welche die Eigenschaft besitzt, thierische Häute zu gerben, und die derselbe aus dem Grunde für einen künstlichen Gerbestoff ansiehet.

§. 1060.

Ich habe Hatchetts Methode zur Darstellung eines solchen künstlichen Gerbestoffs untersucht, und solche vollkommen richtig befunden. Das auf solchem Wege erzeugte gerbende Mittel hat allerdings die Eigenschaft, die thierischen Häute zu narben, und solche zusammenzuziehen; aber in seinen übrigen Eigenschaften weicht dasselbe so sehr vom wahren Gerbestoff ab, daß ihm dieser Name in keinem Betracht zugeeignet werden kann.

§. 1061.

Ueberhaupt lehrt die Erfahrung, daß fast alle mineralische Säuren die Eigenschaft besitzen, die thierischen Häute zu narben, und so zusammenzuziehen, daß solche eine den gegerbten ähnlichen Beschaffenheit annehmen; und es würde interessant seyn, durch eine Reihe darüber angestellter Versuche alle die mannigfaltigen Verändrungen wahrzunehmen, die sie dabey erleiden. Vielleicht käme man hiedurch zu neuen Resultaten, die wenigstens auf eine neue Gerbungsart hinleiten könnten, welche jetzt noch unbekannt ist.

Eilfter Abschnitt.

Von der Gerberproduktenkunde; oder von der Kenntniß zur Beurtheilung der mannigfaltigen Lederarten, welche in verschiedenen Ländern fabricirt werden.

§. 1062.

Die Haut eines jeden thierischen Geschöpfs, von welcher Art und Abstammung dasselbe auch sey, ist fähig sich auf eine oder die andre Art gerben, und in den Zustand des Leders umändern zu lassen. So entstehen hieraus verschiedene

Arten des Leders, welche 1) nach der Art des Thieres von dem die Haut genommen war; 2) nach dem Geschlechte desselben; 3) nach dessem Alter; 4) nach seiner gesunden oder kranken Beschaffenheit, von einander abweichen.

§. 1063.

Außer jenen natürlichen Verschiedenheiten, wodurch sich die Lederarten von einander auszeichnen; können solche aber auch nach der Bearbeitung verschieden seyn, welche bey deren Zubereitung angewendet worden ist, so wie nach den mancherley äußern Einflüssen, welche dabey wirksam gewesen sind: denn auch diese haben einen sehr bedeutenden Einfluß auf die Beschaffenheit des Leders.

§. 1064.

Zu diesen letztgenannten Gegenständen müssen füglich gezählet werden: 1) die Beschaffenheit des Wassers, worin die frischen oder trocknen Häute eingeweicht worden sind; 2) die Dauer oder Zeit der Einweichung; 3) die Natur des Belzmittels wodurch sie zum Abpälen vorbereitet worden sind; 4) die natürliche Beschaffenheit der Schwellbeize oder der Gährungsmittel, womit sie geschwellet werden; 5) die Dauer der Zeit während welcher man sie schwellen läßt, und die Temperatur bey welcher diese Operation verrichtet wird; 6) die Natur des angewendeten Gerbematerials, ob selbiges wirklichen Gerbestoff enthält, oder nur ein zusammenziehendes Mittel ist wie der Alaun, oder ob gar kein gerbendes Wesen angewendet wird, wie beym sämischen Leder; 7) die Dauer der Zeit in welcher die Haut dem gerbenden Material ausgesetzt wird; 8) die Temperatur bey welcher solches geschiehet; 9) die Dicke, welche man der Haut vor dem Gerben gegeben hat; 10) der Umstand ob die Häute mit einem fettartigen Mittel getränkt worden oder nicht; 11) die Beschaffenheit des Fettes, ob solches gröber oder feiner ist; 12) ob dasselbe warm oder kalt eingerieben worden; 13) ob die Oberfläche des Leders glatt, narbig, körnig, oder rauh ist; 14) ob die Fleisch- oder die Haarseite vorzüglich bearbeitet worden ist.

§. 1065.

Endlich gehören hieher die verschiedenen Manipulationen im Ganzen, deren man sich in verschiedenen Ländern bedient, um die eine oder die andre Art des Leders gahr zu machen, welche sämmtlich auf die erzeugten Fabrikate einen mehr oder weniger bedeutenden Einfluß haben. Alles dieses zusammengenommen ist es, was zu einer vollständigen Kenntniß und Beurtheilung der mannigfaltigen Lederarten gerechnet werden muß: und diese Kenntnisse, von der Art der Zubereitung, dem Lande in welchem sie vorzüglich ausgeübt wird, so wie der Beschaffenheit des dadurch producirten Leders im Zusammenhange, machen den Gegenstand der Gerberproduktenkunde aus. Um hievon eine deutliche Ansicht zu geben, werde ich jede einzelne Art des Leders nach seinen vorzüglichsten Eigenschaften hier näher beschreiben, und solche in alphabetischer Ordnung darstellen.

Abdeckerleder.

§. 1066.

Des Wortes Abdecken bedient man sich überhaupt, um den verreckten, krepirten, nemlich an einer Krankheit gestorbnen Thieren die Haut abzuziehen. Abdeckerleder wird aus demselben Grunde dasjenige Leder genannt, welches aus Häuten von krepirten Thieren zubereitet worden ist. Mit dem Namen Abdeckerleder gleich bedeutend, sind auch die Benennungen Streblingsleder, oder Gefallne Leder und erstunkne Leder. Jene von gefallenen oder krepirten Thieren gewonnenen Leder, sie mögen auf die eine oder die andre Art zur Gahre gebracht und zubereitet worden seyn, unterscheiden sich stets durch einen mürben Zustand, eine geringe Festigkeit, und eine davon abhängende leichtere Zerstörbarkeit von denjenigen Lederarten, welche von gesunden und frisch geschlachteten Thieren gewonnen worden sind. Der zureichende Grund hievon, ist allein in der Veränderung der Grundmischung zu suchen, welche die Häute der Thiere durch die Krankheit ihres Körpers erleiden mußten, die daher auch noch in den Häuten derselben fortwirkend ist. Im frischen Zustande erkennt man die Häute der Sterblinge leicht an der mehreren Härte und Starrigkeit der Haare. Sonst nennt man aber auch erstunkne Leder diejenigen, deren Häute man zu lange in der dazu bestimmten Beize gelassen hat, die daher in Fäulniß übergegangen sind, und dadurch eine gleiche Zerstörung wie durch die Krankheit der Thiere erlitten haben.

Alaunleder.

§. 1067.

Das Alaunleder (§. 957.) ist eine Art weißgahres Leder, welches bald farbenlos, bald braun, bald schwarz gefärbt in den Handel gebracht wird. Es wird wie das gewöhnliche weißgahre Leder mit Alaun und Salz gahr gemacht, und mit Fett getränkt, vorher aber nicht in dem Kalkäscher behandelt. Das Alaunleder welches diesen Namen in Deutschland führt, ist auch unter dem Namen Ungarisches Leder bekannt. Man verfertiget dasselbe aus den Häuten von allerhand Thieren, insbesondre aber aus starken Ochsenhäuten. Es ist vorzüglich zu starker Sattler- und Riemerarbeit bestimmt.

Bautzner Leder.

§. 1068.

Mit jenem Namen bezeichnet man ein Lohgahres, bald weißes bald rothgefärbtes Leder, das zu Bautzen in der Oberlausitz vorzüglich schön fabricirt wird. Das Bautzner Leder besteht aus Kalbfellen oder auch Schaaffellen, welche mit der Rinde von Fichten von Tannen und von Weiden gahr gemacht worden sind. Die gegerbten Häute werden nach dem Gerben mit in Wasser aufgelöstem Alaun angestrichen, und hierauf in einer mit Kalkwasser gemachten Abkochung von Fernambuck- oder Brasilienholz roth gefärbt. Soll die Farbe hell werden, so kocht man das Holz mit Alaun und Essig, und setzt demselben vor dem Auskochen etwas Kurkumewurzel zu.

Blößen. Blößlinge.

§. 1069.

Blößen nennt man die thierischen Häute, nachdem sie

von den Haaren und dem überflüssigen Fleisch befreyet sind, und ein Mittelding zwischen Fell und Leder ausmachen. Wenn man die Blößen an der Luft trocknet, so nehmen sie gewöhnlich eine schwarze Farbe an, welches verhindert, daß man solche in diesem Zustande versenden kann. Der zureichende Grund hievon liegt aber allein in den Kalktheilen, die noch darin vorhanden sind. Da es sehr gut seyn würde wenn man die getrockneten Blößen zu einem Gegenstande des Handels machen könnte, so habe ich mich bemühet eine Zubereitung ausfündig zu machen, um sie beym Austrocknen vor dem Schwarzwerden zu schützen. Dies ist mir sehr gut gelungen, wenn ich solche 24 Stunden lang in ein Sauerwasser einweichte, das aus einem Theil koncentrirter Schwefelsäure und 500 Theilen Wasser, oder aus einem Theil Essig und 12 Theilen Wasser gemengt ist. Jene Säuren ziehen die Kalkerde aus den Häuten aus, und sie nehmen nun nach dem Trocknen bloß einen Pergamentartigen Zustand an.

Brasilianische Felle oder Buenosaires Häute.

§. 1070.

Buenosaires- oder Brasilianische Felle, nennt man eine Art sehr starke Häute von wilden Ochsen oder Büffeln, welche man aus Spanien von Buenosaires ziehet. Sie werden daselbst bloß für sich, oder mit wenigem Salz eingerieben, an der Sonne getrocknet. Sie zeichnen sich vor andern Häuten dadurch aus, daß sie sich nach dem Schwitzen sehr schwer enthaaren lassen, wenn nicht das Schwitzen sehr weit getrieben wird. Da aber hiedurch die gute Beschaffenheit der Häute leicht gestört werden kann, so pflegt man an einigen Orten, vorzüglich in Frankreich, dergleichen Felle zu rasieren. Uebrigens muß man beym Einkauf dieser Häute sehr behutsam zu Werke gehen, denn es finden sich oft Stellen darin die ganz gestört sind. Der Grund hievon ist vielleicht allein darin zu suchen, daß sie während dem Transport auf den Schiffen feucht werden und einen Anfang der Fäulniß erleiden, die denn auf das daraus producirte Leder von einem nachtheiligen Einfluß ist. Holland ziehet sehr viele Felle entweder aus den Colonien selbst, oder über Spanien und Portugall. Sie werden nach den Stapelplätzen, und nach den Häfen wo sie ausgeladen werden benannt, als 1) Buenos-Aires; 2) Nova-Colonia; 3) Brasilianer; 4) Languera; 5) Caragai; 6) Havanna; 7) Portorico; und 8) St. Domingofelle. Bey der Ankunft in Holland werden sie in drey Sorten ausgelesen, in Gute, in Halbgute, und in Ganze gesunde unterschieden. Unter allen diesen werden die Languerafelle für die besten gehalten, weil solche am dicksten und reichsten an der Masse des Leders sind.

Brillenleder. Leder zu Brillenfutteralen.

§. 1071.

Das Brillenleder ist eigentlich eine Art von halbem Pergament, das aus den Häuten kleiner Thiere, als Kalbfellen, Bock- Ziegen- und Schaaffellen zubereitet wird. Sie werden nach gewöhnlicher Art enthaaret, auf der Fleischseite geschlichtet, und dann einige Wochen, zuweilen auch mehrere

Monate

Monate lang im Kalkäscher gelassen. So wie sie aus selbigem kommen, werden sie im Flußwasser ausgestrichen, und denn im noch feuchten Zustande gleich verarbeitet, indem man sie ausspannt, und in die erforderlichen Formen schneidet.

Brüßler Leder.

§. 1072.

Das Brüßler Leder bestehet in einem aus den Häuten von jungen Schaaf- und Ziegenlämmern zubereiteten weißgahrem Leder, das nach Art des Französischen Leders (§. 952.) gegerbt worden ist. Man verkauft das Brüßler Leder entweder weiß oder verschiedentlich gefärbt. Es besitzt ein sanftes Gefühl, und ein seidenartiges Ansehen. Sonst gebrauchte man solches ganz vorzüglich zum Ueberziehen der hölzernen Absätze für Weiberschuhe; auch wird dasselbe zu Geld- und Tabacksbeuteln verarbeitet.

Chagrein.

§. 1073.

Den Chagrein, welcher auch Chagrin und Schagrin genannt, und nach einer ganz eignen Art (§. 1011.) aus Pferdehäuten so wie den Häuten von wilden Eseln fabricirt wird, erhält man vorzüglich aus der Türkey. Die feinste Art des Chagreins bekommt man aus Constantinopel, eine schlechtere Art wird aus Tunis, aus Algier, und aus Tripolis gezogen. Der Chagrein ist ein starkes hartes Leder, dessen Narbenseite überall mit kleinen Erhabenheiten bedeckt ist, und sich im Wasser leicht erweichen läßt. Man bekommt solchen von mannigfaltigen Farben. Man unterscheidet ächten und unächten Chagrein: Der Letztere besteht gemeiniglich in gepreßtem Kalbleder oder auch Ziegenleder (§. 1034.) und darf mit dem wahren Chagrein nicht verwechselt werden.

Corduan.

§. 1074.

Der Corduan ist eine Art Saffian, gemeiniglich aber viel kleinnarbiger und weicher als der Erstere, auch hat man ihn bald völlig glatt bald mit rauher Oberfläche, und von sehr verschiedenen Farben; er wird wie der Saffian aus Bock- und Ziegenfellen verfertiget, und macht ein lohgahres Leder aus. Den schönsten Corduan ziehet man aus der Levante, vorzüglich aus Constantinopel, aus Smirna und aus Aleppo. Diesem folgt in der Güte der aus Spanien, aus Ungarn, und aus Frankreich. In Deutschland wird bis jetzt noch wenig Corduan fabricirt. Was man unter diesem Namen verkauft, dazu läßt man gemeiniglich die schon zubereiteten Häute aus der Türkey über Venedig kommen, und begnügt sich damit sie zu färben, zu narben und zu glätten. Wie der Corduan fabricirt wird, ist bereits (§. 896.) beschrieben worden.

Dänisches Leder.

§. 1075.

Mit dem Namen dänisches Leder werden gemeiniglich zwey verschiedene Arten, nemlich bräunliches und weißes bezeichnet. Zu beyden werden Schaaf- und Lämmerfelle verarbeitet; beyde unterscheiden sich aber dadurch, daß das braune dänische Leder, welches auch Handschuhleder genannt wird, ein durch Weidenrinde Lohgahr gemachtes Leder (§. 920.) ist; wogegen das weiße dänische Leder (§. 929.) eine Art weißgahres Leder ausgemacht, das mit dem weiterhin zu beschreibenden Erlanger- und Französischer-Leder sehr übereinkommt, wenigstens ganz nach derselben Art zubereitet wird. Uebrigens hat man auch weißgahres dänisches Leder von bräunlicher Farbe, die man demselben bloß durch ein Bad von Lauge die aus Eichenholzasche zubereitet ist ertheilt. Beyde Arten, so wohl das Lohgahre als das weißgahre dänische Leder, sind übrigens sehr weich und sanft, und werden zu den feinsten Handschuhen verarbeitet.

Elastisches Leder. Zugleder.

§. 1076.

Elastisches Leder oder auch Zugleder wird jedes Leder genannt; dem durch eine künstliche Bearbeitung die Eigenschaft gegeben worden ist, sich nach dem Ausdehnen von selbst wieder zusammen zu ziehen; daher auch die Benennung Zugleder für selbiges vorzüglich entstanden ist. So bereitet man elastische Stiefelschäfte, die man vormals nur allein aus England erhielt, und elastische Schaaffelle, welche von den Klaviermachern gebraucht werden, um die Seiten damit zu dämpfen. Die Art und Weise wie dergleichen elastische Leder zubereitet werden, wird in der Regel geheim gehalten, mir ist indessen bekannt, daß sie durch Walken mit den Händen bearbeitet werden. Man ziehet nehmlich die dazu bestimmten lohgahren Häute, in einem halbtrocknen Zustande nach der Länge aus, und walkt sie mit den Händen um ihre kleinsten Fasern in einander zu verschieben. Ist dieses geschehen, so werden sie nun so zusammengewalkt, daß sie sich verkürzen, und denn nach der Breite ausgezogen. Nun werden sie wieder nach der Länge und nach der Breite in einander gewalkt, so daß die ganze Haut in ihrer Dicke vermehrt, in ihrem Umfange aber verkleinert wird. Hierdurch erhalten die Häute eine besondere Weichheit und Elasticität, so daß sie sich nicht nur leicht dehnen lassen, sondern sich auch leicht von selbst wieder zusammen ziehen.

Elends Häute.

§. 1077.

Man verstehet darunter die sämischgahr gemachten Häute des Elendthiers, das in den Ländern des nördlichern Europas angetroffen wird. Die sämischgahr gemachten Häute dieses Thiers werden vorzüglich zu Beinkleidern verarbeitet, und wegen ihrer Weichheit, Geschmeidigkeit und Elasticität, zu diesem Behuf sehr gesucht und geschätzt.

Englisches Kalbleder.

§. 1078.

Mit dem Namen Englisches Kalbleder werden vorzüglich diejenigen lohgahren Kalbfelle belegt, welche die Gerbereyen zu Southwark und Bristol produciren, und denen man eine ganz besondre Güte zuschreibt. Das Southwarker-Leder wird aus der Londoner Vorstadt Namens Southwark erhalten, und gemeiniglich auch Londoner-Leder genannt. Man hat indessen erkannt, daß die Güte des englischen Kalbleders weniger in der Art seiner Zubereitung, als vielmehr in der Beschaffenheit der rohen Häute gegründet ist welche dazu angewendet werden. Diese bestehet indessen in der Größe des Kalbes von welchem die Haut genommen ist, in der gesunden Beschaffenheit desselben, und der guten Nahrung die dasselbe genossen hat. Man producirt auch in verschiedenen großen Deutschen Gerbereyen ein Leder, das dem Englischen nichts nachgiebt, indem man ausgesuchte Häute dazu verarbeitet, und der Bearbeitung selbst, die möglichste Aufmerksamkeit widmet: dergleichen Anstalten nennen sich daher auch Englische Lederfabriken. Was die wirklich aus England kommenden Kalbleder, nemlich die Bristoler und Southwarker betrift, welche einen vorzüglichen Gegenstand des Handels ausmachen, so können beyde Arten durch folgendes erkannt und unterschieden werden. Das Bristoler Leder ist auf der Narbenseite und zwar auf dem Schwanze mit dem englischen Wappen oder Stempel, und nahe dabey, oder im Schilde, mit dem Worte Medio Bristoli bezeichnet; welches seiner wahren Bedeutung nach: Extrafeines englisches in Bristol fabricirtes Kalbleder bedeuten soll. Die Narbenseite ist bräunlich, beide Seiten sind sehr weich sanft und fettig im Gefühl. Die Fleischseite ist gleichfalls angenehm braun, und fühlt sich Samtartig an. Das Southwarker-Leder hat den engl. Stempel auf dem Schwanze, ohne ein anderes Abzeichen. Seine Farbe ist heller als die vom Bristoler Leder, beynahe Aschfarbig, auch ist es viel starrer als jenes, beyde Arten ziehet man am besten aus London.

Erlanger Leder.

§. 1079.

Erlanger Leder nennt man ein sehr feines geschmeidiges und glänzendes weißgahres Leder, das aus den Häuten von Schaaf- und Ziegenlämmern zubereitet worden ist (§. 952.) und zu feinen glasürten Handschuhen bestimmt ist. Es ist ganz dasselbe, welches auch unter dem Namen Französisches Leder in den Handel kommt.

Fahlleder, oder Pfahlleder (auch Schmalleder).

§. 1080.

So nennt man ein Lohgahres Leder welches von dünnen Ochsen- nnd Kuhhäuten zubereitet ist, und als ein starkes Oberleder zu Schuhen und Stiefeln verarbeitet wird. Das Fahlleder wird gleich vom Anfang an mit vieler Aufmerksamkeit zubereitet. Nach dem Einweichen der Häute werden dieselben durchs Ausstreichen auf dem Schabebock vom anhängenden Wasser befreyet, dann kommen sie in den Kalkäscher, in welchem sie, um dem Zerstören der Häute vorzubeugen, zuweilen aufgeschlagen werden. Nach der Kälke werden sie abgepälet, dann im fließendem Wasser eingehängt, und auf der Fleischseite der Kalk so rein wie möglich ausgestrichen. Sie werden hierauf abermals in fließendem Wasser eingeweicht und mit dem Glättstein auf der Narbenseite geglättet; hierauf aber nochmals mit dem Streicheisen ausgestrichen. So von allem Kalk möglichst befreyet, kommen die Häute nun in die Farbe (die Erd- oder Treibfarbe), die aus Sauerbrühe (ausgegerbter Lohbrühe) und Eichenlohe bereitet ist, in welcher sie täglich ein Paarmal umgekehrt, auch wohl aufgeschlagen werden. Nach dem die Häute 4 bis 5 Tage in der ersten Farbe beharret haben, wird die alte Lohe herausgenommen, frische zugegeben, und nun die Häute aufs neue darin behandelt; worauf sie in der Grube eingesetzt und rothlohgahr gemacht werden. Sie werden hierauf gespalten, nemlich durch das Streicheisen von aller Feuchtigkeit möglichst befreyet, auf Stangen halb getrocknet, dann mit Steinen gepreßt, um sie gerade zu machen. Sie werden sodann nochmals gespalten, hierauf mit einer Mischung von Thran und Talg eingerieben, dann vollends getrocknet, und nun, nachdem jede Haut in eine Kappe zusammengefaltet worden, auf den Fußboden geworfen und mit den Füßen gewalkt, um die Häute weicher zu machen. Sind die Häute zu dick, so werden selbige gefalzt, um sie dünne zu machen. Sollen sie Narben erhalten, so werden sie nach dem Schlichten gekrispelt, und pantoffelt, und nun ist das Leder Kaufmannsgut. Das Schwärzen der Fahlleder wird gemeiniglich von den Schuhmachern veranstaltet. Mit dem Fahlleder völlig übereinstimmend ist auch dasjenige welches Schmalleder genannt wird.

Gegerbtes Leder.

§. 1081.

Gegerbtes Leder in der allgemeinen Bedeutung des Wortes, wird jede Thierhaut genannt, welche durch irgend eine schickliche Bearbeitung ihrer rohen Beschaffenheit beraubt, dadurch vor der sonstigen Fäulniß und Verderbniß geschützt, und zum Gebrauch des Menschen tauglich gemacht worden ist. Es läßt sich mit Wahrscheinlichkeit voraus setzen, daß die Thierhäute die erste Bekleidung ausmachten, wodurch selbst die rohesten Völker sich vor Kälte, Nässe und andern äußern ihnen nachtheiligen Einflüssen zu schützen strebten. Wir sehen dieses wenigstens noch an der Bekleidung unkultivirter Nationen; sie mußten daher auch auf Mittel bedacht seyn, wodurch sie solche Thierhäute vor der Fäulniß, schützen konnten. So pflegen die Wilden in Nordamerika noch jetzt ihre Thierfelle dadurch zuzubereiten, daß sie selbige erst in Wasser einweichen, dann sie beschaben, und hierauf so lange mit den Händen reiben und Walken, bis sie weich und biegsam sind, worauf sie solche mit dem Gehirn ihrer Ziegen tränken, und im Rauch aufhängen. Die Bewohner Islands tränken die Häute mit Fischleber. Die Grönländer waschen sie erst mit Urin, tränken sie hierauf mit Thran, und klopfen solche hierauf so lange mit Steinen bis sie gehörig weich worden sind. Die Baschkiren, (eine Nation die am Bjalagia-Fluß in Sibirien lebt), spannen die Häute mittelst Pflöcken aus, schaben die Haare ab, und lassen sie dann an der Sonne trocknen, worauf solche geräuchert, und dann verarbeitet werden. Die Kalmucken waschen die rohen Häute erst in lauwarmen Wasser, lassen sie hierauf an der Luft halb austrocknen, und schaben dann die Fleischseite mit einem Messer ab. Alsdann werden sie an der Luft ausgebreitet, und drey Tage hintereinander, täglich ein Paarmal, mit einem Gemenge von saurer Milch und Salz übergossen, und dieses auf der Haut ausgebreitet, worauf die Haut so lange mit den Händen gewalkt wird, bis sie völlig weich worden ist; und endlich werden die Häute geräuchert, und zwar vorzüglich mit dem Rauch von verbranntem Schaafmist. So sehen wir, das selbst die rohesten Völkerschaften ihre eigne Art besitzen die Thierhäute zu gerben, die freylich unvollkommen ist, welche bey einem ihnen gänzlich unbekannten Zustande der Künste, sehr von der unsrigen abweicht, und weniger gründlich ist. Wie unterschieden dagegen mehren Arten des Ledergerbens, die hier um so weniger einer wiederholten Beschreibung bedürfen, da jede einzelne Art ausführlich abgehandelt worden ist.

Gegilbtes oder Gegülbtes Leder.

§. 1082.

Mit dem Namen gegilbtes oder gegülbtes Leder wird ausschlüßlich das gelbe Pergament bezeichnet, welches zu Rechentafeln bestimmt ist. Wie die verschiedenen Arten des gegilbten Pergaments fabricirt werden, ist (§. 1002.) beschrieben worden.

Gepreßtes Leder.

§. 1083.

Gepreßtes Leder wird dasjenige Leder genannt, welches zu englischen Reitsatteln bestimmt ist. Man wählt dazu ein gutes Fahlleder, oder auch wilde Schweinshaut, die nach Art des Fahlleders gegerbt worden ist. Man reibt zu dessem Darstellung die Narbenseite des Leders, nach dem Krispeln mit Wasser ab, legt dasselbe, nachdem solches halb ausgetrocknet ist, mit der Narbenseite auf eine Fischhaut (§. 1036.), die sich auf einem untergelegten Brette befindet, und reibt nun die Fleischseite mit der Blankstoßkugel, wodurch die Haut eine körnigte Narbung erhält.

Hünerleder.

§. 1084.

Hünerleder nennt man ein äußerst feines, und zartes weißgahres Leder, das aber keinesweges aus der Haut von Hünern zubereitet wird, sondern von den im Kalk eingeweichten Ziegenhäuten abgezogen, und eben so wie das Erlanger oder französische Leder (§. 952.) gahr gemacht wird. Es ist feinkörnig und hartnarbig, und wird zu den feinsten Frauenzimmerhandschuhen verarbeitet.

Jämtländisches Leder.

§. 1085.

Dieses Leder, welches der Provinz Jämtland in Schweden seinen Namen verdankt, woselbst solches vorzüglich verfertigt wird, bestehet in einem durch Fichtenrinde lohgahr gemachten vorzüglich schönen Leder, das zu Schuhen, Stiefeln und andern Kleidungsstücken verarbeitet wird. Man verarbeitet dazu vorzüglich Kalb- Schaaf- und Ziegenhäute. Die vollkommne Gahre, welche man diesem Leder ertheilt, verhindert das Einsaugen des Wassers, dessen Hartwerden wenn es feucht worden ist, und dessen Steifwerden in der Kälte. Die specielle Zubereitung dieses Leders, wird folgendermaßen veranstaltet. Man läßt die vorher getrockneten Häute 48 Stunden im Fluß weichen, bringt solche dann so lange in den Kalkäscher, bis die Haare sich lösen, worauf die Enthaarung veranstaltet wird. Die enthaarten Häute werden hierauf abermals eingeweicht, um sie vom eingemengten Kalk völlig zu befreyen, während welcher Zeit sie zuweilen im Wasser gestampft werden. Man hängt die so gereinigten Häute eine Nacht hindurch auf, damit die Feuchtigkeit ausfließen kann, worauf die Fleischseite auf der Streckbank von allem überflüssigen Fleisch durchs Abschaben gesäubert wird. Nun bringt man die so vorbereiteten Häute in eine lauwarme gerbende Brühe von klein gestoßner sehr harziger Fichten- und Rothtannenrinde, die mit warmen Wasser gemacht worden ist, tritt sie darin eine halbe Stunde lang mit den Füßen herum, wendet solche öfters um, und läßt sie dann 24 Stunden darin liegen. Hierauf wird die Brühe mit einem Zusatz von frischer Fichtenrinde wieder erwärmt, die Häute sodann abermals 24 Stunden lang darin bearbeitet, und diese Operation noch zum drittenmal wiederholt. Am vierten Tage werden nun die Häute aus der Brühe herausgenommen, und mit der Fleischseite nach Außen zum Trocknen aufgehängt, welches Trocknen möglichst kalt verrichtet werden muß, weil das Leder dadurch weicher wird; worauf solche mit einer Abkochung von Fichtenrinde und Eisenvitriol auf der Haarseite geschwärzt werden. Nach dem Schwärzen werden sie halb getrocknet, dann zusammengerollet, mit den Händen auf den Knieen gerieben, oder bey fünf Stück mit einemmal mit den Füßen getreten. Sie werden hierauf erst auf der Fleischseite gekrispelt, dann mit zerlaßnem Schmalz eingerieben, erwärmt, auf den Knieen gerieben, gestreckt, wieder auf der Haarseite gekrispelt um sie zu narben; und sie sind nun zum Gebrauch fertig.

Juften. Juftenleder.

§. 1086.

Woher die Benennung der Juften (die fälschlich auch Juchten und Jochten genannt werden) abgeleitet ist, und wie dieselben gegerbt und zubereitet werden, ist (§. 6 .) bereits beschrieben worden. Die Juftenhäute zeichnen sich indessen, sie mögen aus Kuh- Roß- Kalb- oder Bockhäuten fabricirt worden seyn, allemal durch den ihnen ganz eigenthümlichen starken Geruch nach Birkenöl aus, mit welchem selbige getränkt worden sind. Man hat solche schwarz auch von rother und weißer Farbe. Von den rothen Juften hat man verschiedene Arten, welche nach den Ländern benannt werden, in welchen sie fabricirt worden sind; als Russische oder Moskowitische, auch Polnische Gränzjuften, und deutsche Juften, von welchen die russischen aus Kuhhäuten fabricirten rothen Juften die besten sind. In England verfertigt man eine Art Juften, die nicht gefärbt sind, und weiße Juften genannt werden. Von den schwarzen Juften unterscheidet man zweyerley Arten, nemlich die russischen schwarzen Juften, und die Schmierjuften, die auch Schmierleder genannt werden. Das Schmierleder wird gleichfalls nach Art der Juften zubereitet, dann aber noch mit weißem gepreßten Thran eingeschmiert. Es wiedersteht der Nässe, und dem Brüchigwerden weit mehr als das gewöhnliche schwarze Juftenleder, und wird zu dauerhaften Schuhen und Stiefeln verarbeitet, wobey man die Haarseite auswärts bringt.

Kalbleder.

§. 1087.

Das Kalbleder ist in der Regel ein lohgahres Leder, obschon man auch weißgahres und sämischgahres Kalbleder zu verfertigen pflegt. Die Güte der lohgahren Kalbfelle unterscheidet sich nach dem Alter des Thieres, wovon die Haut genommen ist, nach der Race der Kühe von welcher solches gefallen ist, nach dem Lande wo sie geboren sind, nach den Nahrungsmitteln der Mutter und des Kalbes, und endlich nach der Genauigkeit mit welcher das Gahrmachen veranstaltet worden ist. Vollkommen gute Kalbfelle müssen gut genarbt, weich und geschmeidig seyn, und sich nach allen Richtungen gut ziehen recken lassen. Einen ganz vorzüglichen Werth schreibt man dem englischen Kalbleder zu, nemlich dem Bristoler und Southwarker, deren nähere Kennzeichen bereits (§. 1078.) angegeben worden sind. Unsere deutschen Gerbereyen machen sie aber eben so schön, wenn gute Häute dazu verwendet werden.

Lütticher Leder. Luykerleder.

§. 1088.

Lütticher Leder, oder auch Luykerleder nennt man sowohl die zu Ober- als zu Unterleder bestimmten lohgahren Thierhäute, welche nach der in Lüttich üblichen Methode bearbeitet worden sind. Der wesentlichste Unterschied in der Zubereitung der Lütticher Leder, von der gewöhnlichen Methode, bestehet darin, daß die zu Sohlleder bestimmten Häute, nachdem sie durchs Schwitzen enthaart worden sind, nicht in einem Sauerwasser aus Gerstenschroot, ꝛc., sondern gleich in Gallussäure oder ausgegerbter Lohbrühe geschwellet werden, in welcher die vom Gerbestoff befreyete Gallussäure vorwaltend ist; eine Methode, deren Erfindung den Lütticher Lohgerbern zugeschrieben wird. Die französischen Gerber nennen daher die nach Lütticher Art zubereiteten Häute auch Cuirs à la jusse, welches vom französischen Worte jus (Brühe) abgeleitet ist.

Menschenleder.

§. 1089.

Menschenleder werden die gegerbten oder gahr gemachten Häute von Menschen genannt. Sie werden vor der gerbenden Bearbeitung gleich den übrigen Thierhäuten eingeweicht, gereinigt, und in den Kalkäscher bearbeitet, in welchem sie, um das mehrere Fett das sie enthalten völlig daraus hinweg zu schaffen, eine längere Zeit als die Häute von andern Thieren beharren müssen. Man kann die Menschenhäute lohgahr, weißgahr und sämischgahr machen. Die Menschenhäute sind in der Regel dicker, und haben mehr Körper als die Rindshäute, vorzüglich dick sind sie an dem Bauche, statt daß die Häute andrer Thiere daselbst dünner zu seyn pflegen. Die weißgahr gemachten ziehen sich indessen stärker zusammen und werden dünner, als die Kuhhäute.

Ochsenhäute. Ochsenfelle.

§. 1090.

Die Ochsenhäute sind nicht durchaus von einerley Beschaffenheit, sondern die Güte derselben richtet sich, außer dem Alter, auch nach den Clima, der Nahrung, so wie der sonstigen Behandlung der Thiere im lebenden Zustande. Die schönsten und stärksten Ochsenhäute sind die Amerikanischen oder die Häute der Buenos-Ayres, diesen folgen die Französischen, nemlich die aus Auvergne aus Limousin und Poitou. Weniger schätzt man die Häute aus der Normandie, ob schon die Häute der Limousiner Ochsen, wenn solche in der Normandie auferzogen werden, das beste Leder liefern sollen. Von einer vorzüglichen guten Beschaffenheit sind auch die Häute der Irrländischen Ochsen, diesen folgen die Ungarischen und Polnischen, und dann die Deutschen welche gemeiniglich die schlechtesten sind. Die Haut der Stiere ist zwar dünner als die von Ochsen, aber das daraus erhaltene Leder ist narbiger und fester. Die Schuhmacher verarbeiten solche gemeiniglich zu Brandsohlen oder den Sohlen für Weiberschuhe. Die rohen Ochsenhäute welche man Behufs der Gerberey einkauft, sind entweder eingesalzt und an der Luft getrocknet, oder sie sind geräuchert. Sie verlieren aber bey der Bearbeitung sehr viel am Gewicht, weil die daran klebenden Unreinigkeiten und andre fremdartige Theile diesen Abzug bewirken.

Oelhäute. Geölte Häute.

§. 1091.

Mit diesem Namen wird das geölte Pergament bezeichnet (§. 1002.), das zu Schreibe- und Rechentafeln bestimmt ist. Es zeichnet sich durch eine glatte glänzende Oberfläche, eine gelbliche Farbe aus, und man kann die mit Tinte oder Bleyfeder darauf getragne Schrift, ohne Nachtheil für die Haut, mit Wasser abwaschen.

Pfundleder. Sohlleder.

§. 1092.

Pfundleder auch Sohlleder nennt man das stärkste lohgahr gemachte Rinds- oder Ochsenleder, welches durch das Gerben der Häute von den ältesten und stärksten Thieren gewonnen worden ist, oder aus welchem man die dicksten Stellen herausgeschnitten hat. Die gute Beschaffenheit des Pfundleders wird aus seiner regelmäßigen Gahre beurtheilt. Diese erkennet man daran, daß die dicksten Stellen des Leders mit einem scharfen Messer eingeschnitten werden.

Ist der innere Streif braungelb und glänzend, so ist das Leder völlig gut. Ist derselbe schwarz und hornartig, dann ist solches nicht hinreichend durchgegerbt worden. Findet sich aber im Schnitt eine völlig faserige Textur, ohne Glanz und Festigkeit, dann ist das Leder übergahr, oder es ist aus erstunknen Häuten gegerbt, und kann nicht als brauchbar angesehen werden.

Rauhschwarzes Leder.

§. 1093.

Mit diesem Namen bezeichnet man ein nach Art des Corduans (§. 896.) starkes gegerbtes rauhes Kalbleder, dessen äußere Seite schwarz gefärbt ist. Es wird von den Corduanmachern verfertiget, und statt desselben, zu Schuhen und Stiefeln verarbeitet.

Roßleder.

§. 1094.

So wird jede lohgahre Pferdehaut genannt. Das Roßleder wird von den Schuhmachern gewöhnlich zu Brandsohlen verarbeitet, es ist hiezu aber weniger tauglich als das Leder von Stieren (§ 1090.), weil solches nicht dauerhaft ist, und zu leicht das Wasser durchläßt.

Sämisch Leder. Sämischgahres Leder.

§. 1095.

Zu sämischgahren Leder werden Kälber- Hammel- Hirsch- Reh- und Elends-Häute verarbeitet, nicht selten auch Ochsenhäute. Jenen Häuten werden die Narben abgenommen, um sie weicher und geschmeidiger zu machen, und besser mit Oel tränken zu können. Sie werden, nachdem sie aus dem Kalkäscher kommen, in einer Kleybeize bearbeitet, und dann ohne Alaun und Lohe, bloß durchs Walken mit Fett (§. 975.) zubereitet.

Saffian.

§. 1096.

Der Saffian ist ein weiß lohgahres Leder von Ziegen- und Bockfellen gearbeitet, das fein gekrispelt, und verschiedentlich gefärbt ist. Man unterscheidet mehrere Arten desselben, nach den Ländern wo solcher fabricirt worden ist. Der schönste Saffian kommt aus der Levante; die weniger feinen Arten, kommen aus Rusland. Auch in Deutschland, in Frankreich, und in England wird sehr schöner Saffian oder Marroquin fabricirt, die Fabrikation desselben ist bereits (§. 754.) beschrieben worden.

Schadhaftes Leder.

§. 1097.

Schadhaftes Leder wird jedes Leder genannt, welches eine fehlerhafte Beschaffenheit besitzt. Diese kann entweder in der natürlichen Beschaffenheit der Häute gegründet, oder sie kann durch eine fehlerhafte Bearbeitung derselben bewirkt worden seyn. Die natürlichen Fehler der Häute bestehen gewönlich in kleinen Löchern, mit welchen sie durchsetzt sind, und die der Wasserdichten Beschaffenheit des Leders entgegen wirken. Sie werden gemeiniglich durch ein Insekt welches von den Naturforschern Oestrus bovis genannt wird veranlasset, das sich auf das Hornvieh setzt, dessen Haut durchsticht, und seine Eier oder Larven in die Wunde legt. Jene kleinen Löcher sind oft so zart, daß man sie nicht mit dem Auge wahrnehmen kann, aber eine solche durchlöcherte Haut ist in keinem Fall brauchbar. Was die anderweitigen Fehler betrifft, die durch die Bearbeitung entstanden sind, so können solche in folgendem bestehen. 1) Wenn die Haut nachläßig vom Thiere abgezogen wird; 2) wenn sie zu lange im Kalkäscher behandelt worden ist, wodurch die Haut mürbe wird; 3) wenn die aus der Lohe gekommnen Felle Gelegenheit finden zu faulen, wodurch ihre Faser zerrissen wird; 4) wenn das Gerben nicht gleichförmig bewirkt worden ist, und hornartige Stellen in der Haut zurück bleiben. Alle diese Kennzeichen geben dem Leder eine schlechte Beschaffenheit, und auf sie muß daher bey seiner Beurtheilung vorzüglich Rücksicht genommen werden.

Schmalleder.

§. 1098.

Das Schmalleder ist ein Lohgahres sehr weiches und geschmeidiges Rindsleder. Es ist mit dem Fahlleder dessen bereits (§. 1080.) gedacht worden ist, vollkommen übereinstimmend, denn die Benennungen Schmalleder und Fahlleder bezeichnen einen und eben denselben Gegenstand.

Siebenbirgisches Leder.

§. 1099.

So nennt man ein dickes und festes Lohgahres Sohlleder, das in Siebenbirgen, einer an die Türkey gränzender Provinz fabricirt wird. Das wesentliche liegt in der Schwellung desselben vor dem Gerben, mit einer Schwellbeize von Roggenmehl (§. 454.), wobey man 18 Pfund Mehl für jede Haut berechnet, und das Schwellen zweymal hintereinander, das erstemal mit 10 Pfund, und das zweytemal mit 8 Pfund veranstaltet. Man schreibt dem Siebenbirgischen Leder eine besondre Güte und Festigkeit zu.

Schweinsleder.

§. 1100.

So werden die Lohgahren Häute von wilden, und wenn man sie haben kann, auch von zahmen Schweinen genannt. Sie zeichnen sich durch einen klein genarbten Zustand aus, und eine Menge kleine Punkte, welche den Sitz der statt gefundenen Haarwurzeln andeuten. Sie sind fest und dauerhaft, zeichnen sich durch ein schönes Aeußeres aus, und werden gemeiniglich zu Reitsätteln verarbeitet. Sie ziehen sparsamer als andres lohgahres Leder Feuchtigkeit an, und man pflegt daher auch die dicksten Theile solcher wilden Schweinshäute zu Wasserdichten Schuh- und Stiefelsohlen zu verarbeiten. Dasjenige Leder welches in älteren Zeiten unter dem Namen Schweinsleder zum Einbinden der Bücher gebraucht wurde, war gewönlich aus Kalbfellen verfertiget, und machte eigentlich ein Halbpergament (§. 999.) aus.

Sohlleder.

§. 1101.

Mit dem Namen Sohlleder wird jedes sehr dicke und feste Lohgahre Rindsleder bezeichnet, welches zu dicken Schuh- und Stiefelsohlen verarbeitet werden soll. Man unterscheidet vom Sohlleder verschiedene Arten, die in Hinsicht der Dauer und Haltbarkeit folgende Ordnung behaupten, als: 1) das wilde Schweinsleder; 2) das Lütticher- oder Lüyker Sohlleder, vorzüglich das von Büffelshäuten gewonnene, welches zwar nicht sehr dick, aber sehr fest und haltbar ist; 3) das Englische Sohlleder, wovon man zweyerley Arten unterscheidet, nemlich das ordinaire englische Sohlleder, und den englischen Butz, welcher fester und stärker als jenes ist; 4) das Mastrichter Leder, welches seinen Namen der Stadt Mastricht verdankt, woselbst solches verfertiget wird: Es ist dicker als das englische Sohlenleder, aber schwammig, ohne Kern, und vom geringerer Festigkeit; 5) das Deutsche Sohlleder oder Pfundleder (§. 1092.), welches indessen, wenn solches aus gesunden Häuten und mit Aufmerksamkeit gegerbt worden ist, dem Englischen nichts nachgiebt; 6) das Ungarische Sohlleder, das sich von den übrigen Lederarten dadurch auszeichnet, daß solches nicht mit Eichenrinde sondern mit Knoppern lohgahr gemacht worden ist. Die Kennzeichen von der guten Beschaffenheit eines Sohlleders überhaupt, sind beym Pfundleder bereits angegeben worden.

Ungarisches Leder.

§. 1102.

Mit den Namen Ungarisches Leder werden zweyerley Lederarten bezeichnet: nemlich das Lohgahre mit Knoppern gegerbte ungarische Sohlleder, und das sogenannte Alaunleder (§. 1067.) welches fast ausschlüßlich ungarisches Leder genannt, in Ungarn auch vorzüglich fabricirt wird, und wozu die Methode vielleicht noch von den Hunnen und Scythen herstammt. Heinrich der Vierte ließ diese Methode durch einen Gerber Namens Roge in Ungarn erlernen, und so entstand in Frankreich die erste Manufaktur von diesem Leder; und noch jezt werden diejenigen Gerber welche dieses Leder in Frankreich verfertigen, daselbst Hongrieurs genannt.

Wallachisches Leder.

§. 1103.

Das Wallachische Leder, welches vorzüglich in der Wallachey verfertiget wird, zeichnet sich besonders dadurch aus, daß dasselbe in einer sauren Schwellbeize von Gerstenmehl warm geschwellet wird (§. 285.), wobey man für jede Haut, außer fünf Pfund Sauerteig, 20 Pfund Gerstenmehl, und 1 Pfund Küchensalz anwendet. Das Wallachsche Leder, ist dem Siebenbirgischen sehr ähnlich.

Weißgahres Leder

§. 1104.

Weißgahres Leder nennt man jede Lederart, die

nicht durch Lohe oder ein anderes den wirklichen Gerbestoff enthaltendes Material gahr gemacht ist. Sonst unterscheidet man Alaunweißgahres und Sämischweißgahres-Leder, je nachdem die Gahre entweder mit Alaun, und Salz (§. 946.), oder ohne Alaun bloß durch das Walken mit Fett (§. 975.) bewirkt worden ist. Die gute Beschaffenheit beyder Lederarten, beurtheilt man aus ihrer Geschmeidigkeit, und aus ihrer völlig faserigen Textur, welche sie im Innern erkennen lassen, wenn sie mit einem Messer angeschnitten werden.

Zwölfter Abschnitt.

Theorie der Gerbekunst und ihrer verschiedenen Zweige.

§. 1105.

Nachdem nunmehr eine allgemeine Darstellung der Ledergerberey, und ihrer verschiedenen Zweige gegeben worden ist, finden wir uns in den Stand gesetzt eine Theorie derselben zu entwerfen welche aus Erfahrungen entwickelt ist, die ein praktischer Betrieb jener Kunstgewerbe dargeboten hat. Dem bloß mechanischen Arbeiter wird sie freylich von wenigem Nutzen seyn, da dieser sich an der erlangten Kunstfertigkeit seines Gewerbes begnügt; aber der denkende Kopf, der gern von demjenigen die Ursachen wissen, und den zureichenden Grund entwickeln mag, was seine Arbeiten ihm darbieten, wird keine Mühe scheuen sich die Theorie über die Erfahrungen in der Ledergerberey anzueignen.

§. 1106.

Der allgemeine Zweck bey allen Arten der Ledergerberey ist dahin gerichtet, die natürliche Grundmischung der thierischen Häute zu verändern, und eine neue Mischung derselben zu veranlassen, wodurch selbige ihrer vorigen Eigenschaften beraubt, fester und haltbarer gemacht, und vor der Fäulniß und Verderbniß der sie sonst unterworfen sind, gesichert werden. Eine solche Veränderung in der Grundmischung der thierischen Häute, kann auf einem dreyfach verschiedenen Wege veranstaltet werden, und so zerfällt die Gerbekunst in drey verschiedene Zweige: 1) die Lohgerberey; 2) die Alaun- oder Weißgerberey, und 3) die Fett- oder Sämischgerberey, welchen alle übrige Gerbungsarten untergeordnet werden können.

Erste Abtheilung.

Theorie der Lohgerberey.

§. 1107.

Lohgerberey in der allgemeinen Bedeutung des Wortes, bezeichnet zusammen genommen alle diejenigen Zweige der Gerbekunst, in welchen die Gahrmachung der Thierhäute mit Lohe, das heißt mit solchen Materialien veranstaltet wird, deren wesentlichste-Bestandtheile in Gerbestoff und in Gallsäure bestehen, ihre anderweitigen Mischungstheile mögen seyn welche sie wollen.

§. 1108.

Als einzelne Zweige der gesammten Lohgerberey müssen

daher angesehen werden; 1) die Gerbung der Sohlleder, so wie der zu Schuh- und Stiefeln bestimmten Oberleder; 2) die Gerbung der Juften; 3) die Gerbung des Saffians; 4) die Gerbung des Corduans, weil zu allen diesen Lederarten die Anwendung des Gerbestoffs erfordert wird, um ihnen den erlangten Zustand der Gahre zu ertheilen. Bevor dieser aber gegeben werden kann, sind verschiedene Vorbereitungen der Häute erforderlich, deren Theorie hier einzeln vorausgeschickt werden soll.

Theorie der thierischen Häute.

§. 1109.

Die Häute der Thiere welche die äußere Bedeckung ihres Körpers bilden, und die vorzüglichsten Objekte für die Ledergerberey ausmachen, müssen hiebey aus einen zwiefachen Gesichtspunkte berücksichtiget werden: 1) nach den Lagen der Schichten woraus sie gebildet; 2) nach den Bestandtheilen woraus sie zusammengesetzt sind.

§. 1010.

Eine genaue Untersuchung der rohen oder grünen Thierhaut, läßt uns wahrnehmen, daß solche aus fünf verschieden gearteten Schichten gebildet ist, die mit ihren äußern Berührungsflächen mehr oder weniger fast zusammen hängen, und ein gemeinschaftliches Ganzes ausmachen. Betrachten wir die frisch abgezogne Haut von der Fläche an, mit welcher solche auf dem Körper des Thiers gesessen hat, so bieten sich unsern Beobachtungen verschiedene Theile dar; dahin gehören folgende:

Das Zellgewebe

§. 1111.

Das Zellgewebe bestehet aus einer großen Anzahl häutigen Blättern, die untereinander verbunden sind, zwischen ihrem Zusammenhange aber kleinere und größere Räume übrig lassen, welche eine Art von Zellen bilden, die mit Fetttheilen ausgefüllet sind, und daher Talghölen genannt werden, in welchen zugleich die Wurzeln der Haare befestigt sind. Das Zellgewebe ist also dasjenige, was die so genannte Aas- oder Fleischseite der Haut, oder die erste innere Fläche desselben bedeckt. Diesem folgt nun:

Das Fleischfell.

§. 1112.

Das Fleischfell besteht aus einer muskulösen Haut, nemlich sie ist aus einer Zusammenreihung von kleinen Muskeln gebildet, wodurch die gesammte Haut im Leben des Thiers die Eigenschaft erhält, nach dessem Willkühr sich zusammen zuziehen oder auszudehnen. Sie ist mit Arterien (Pulsadern), und Venen (Blutadern), durchkreuzt, welche dazu bestimmt sind das Blut zu und abzuleiten, und so die Funktionen des Thiers im lebenden Zustande zu unterhalten. Nach dem Fleischfell folgt nun:

Die wahre Haut.

§. 1113.

Die wahre Haut besteht aus einer Membrane, welche

aus Fiebern oder Fasern gebildet ist, die dicht untereinander vereinigt sind, und sich nach allen Richtungen zu ausdehnen. Sie ist aus den Enden einer Zahllosen Menge kleiner Venen Sehnen und anderer Gefäße gebildet, die in ihr vereinigt sind. Von ihr ist der innere faserige Stoff abhängig, der in jedem Lohgahr gegerbten Leder beym Einschneiden bemerkt wird. Nach der wahren Haut, folgt nun:

Die Schleimhaut.

§. 1114.

Die Schleimhaut bestehet aus einem Netzartigen Gewebe, das dem Gefühl nach sehr weich, und von einer schleimigen Beschaffenheit ist. Sie ist mit einer Menge dünnen Fasern durchwebt, welche so wohl mit der wahren Haut, als mit dem nachfolgenden Oberhäutchen im Zusammenhang stehen. Sie ist reich an Thierischer Gallerte, die beym Gerben verändert, und im Leder umgeändert wird. Nach der Schleimhaut folgt nun endlich die äußerste Fläche, nemlich:

Die Epidermis oder das Oberhäutchen.

§. 1115.

Das Oberhäutchen oder die Epidermis, welches die äußerste Fläche der Thierhaut bedeckt, bestehet in einem äußerst feinen und dünnen Häutchen, das bloß aus den aufgetrockneten Säften gebildet zu seyn scheinet, welche aus der darunter liegenden Schleimhaut ausschwitzen. Es ist indessen zähe und fest genug, um das Eindringen der Feuchtigkeiten zu verhindern, und die Verderbniß abzuhalten, welche sonst die Schleimhaut dadurch erleiden würde.

§. 1116.

Jene verschieden gearteten Häute im Zusammenhange bilden nun dasjenige was man eigentlich das Fell der Thiere zu nennen pflegt, und das nun in seinem durch die verschieden gearteten gerbenden Substanzen veränderten Zustande, Leder genannt wird: wodurch der Unterschied zwischen der Haut oder dem Fell, und dem Leder deutlich auseinander gesetzt ist.

§. 1117.

Dieser Erklärung zufolge, ist also das Fell der Thiere ein Produkt der Verbindung von thierischer Faser, von thierischer Gallerte, und von thierischem Fett. Die Haare womit das Fell auf der äußern Fläche bedeckt ist, bestehen ganz aus denselben Theilen in einem erhärteten Zustande: man kann sie als ein Resultat der Kristallisation derselben betrachten.

Theorie des Einweichens und Schwitzens der Häute.

§. 1118.

Die erste Operation welche in den Gerbereyen mit den Fellen vorgenommen wird, ist das Einweichen derselben in fließendem Wasser. Die Absicht ist, dadurch die unreinen schmutzigen Theile der behaarten Fläche weg zu nehmen, so wie die an der innern oder Fleischfläche sitzenden Theile vom geronnenen Blut, so wie die des Zelligen Gewebes hinweg zu schaffen. Gewöhnlich ziehet aber auch das Wasser etwas gallertartige Theile aus der Haut aus; und wenn das Einweichen bey einer warmen Temperatur zu lange fortgesetzt wird, so gehet ein Theil der Gallerte eine anfangende saure

Gährung ein, die Epidermis dehnt sich aus und wird gelöst, und die Haare lösen sich aus ihrem Wurzelgrunde.

§. 1119.

Eine beynahe gleiche Bewandniß hat es mit dem Schwitzen der Häute, eine Operation die vorzüglich mit den dicken Ochsenhäuten veranstaltet wird, um solche dadurch zur Lösung der Haare vorzubereiten. Die Anwendung des Küchensalzes mit welchem man die Ochsenfelle impregnirt, die dem Schwitzen unterworfen werden sollen, ist bloß dazu bestimmt der Fäulniß Wiederstand zu leisten, welcher sonst die Masse der Haut unterworfen seyn würde.

§. 1120.

Ein lange fortgesetztes Schwitzen solcher Felle läßt leicht einen säuerlichen Geruch derselben wahrnehmen, der sich auch dadurch zu erkennen giebt, daß ein mit ätzendem Salmiackgeist befeuchtetes Stäbchen, wenn solches darüber gehalten wird weiße Dämpfe verbreitet, die aus der Vereinigung der Essigdämpfe mit den Dünsten des Ammoniums gebildet werden.

§. 1121.

Jene Erzeugung der Essigsäure, ist auf eine Wechselwirkung zwischen den bildenden Bestandtheilen des Wassers und der Gallerte in der Haut, so wie der auf beyde gemeinschaftlich wirkenden Luft gegründet. Das Wasser womit die Häute durchdrungen sind, gehet mit ihrem Gallertartigen Bestandtheil in Auflösung. Es setzt nach und nach einen Theil seines Sauerstoffes an die Gallerte ab, und disponirt selbige zu einer weinigten Fermentation; kaum ist aber ein Weinartiges Fluidum gebildet, so saugt dieses Sauerstoff aus dem

Dunstkreise ein, und wird dadurch in den Zustand der Essigsäure übergeführt, die nun als ein saures Wesen ausdünstet.

§. 1122.

Während jene weinigte und saure Fermentation vorgehet, wird die vorige Grundmischung der Haut wesentlich verändert, sie wird in allen ihren Massentheilen ausgedehnet, schwillt auf, und die Haare haben ihre Festigkeit in der Wurzel verloren, sie lassen sich leicht ausrupfen. Läßt man die Häute in diesem Zustande noch länger über einander ruhen, so nimmt die faulende Gährung ihren Anfang, es wird Ammonium gebildet, und die Häute verbreiten nun einen stinkenden faulen Geruch. Sie müssen billig in diesem Zustande ferner bearbeitet werden, weil ein weiterer Fortgang der Fäulniß eine neue Veränderung ihrer Grundmischung veranlasset, die auf eine Zerstörung derselben abzweckt.

§. 1123.

In diesem Zustande sind die Häute geschickt um enthaart zu werden, und die häutigen und fleischigen Theile auf der innern Fläche sind so mürbe, daß sie leicht abgenommen werden können. Eben so finden sich die Epidermis oder das Oberhäutchen gelöst, so das solches mit den Haaren zugleich los gehet, und die Häute sind nun im enthaarten Zustande geschickt, jeder andern Materie einen Eingang in ihre Zwischenräume zu gestatten.

Theorie des Schwellens.

§. 1124.

Da die dünnern Kuh-, Roß- und Kalbfelle nach einer

ganz andern Methode, nemlich durch die Behandlung im Kalk zum Enthaaren vorbereitet, und nicht geschwellet werden, so kann hier nur vom Schwellen der zu Sohlleder bestimmten dicksten Ochsenhäute die Rede seyn. Man verrichtet diese Operation entweder durch eine in die saure Gährung übergegangene Brühe von Getreideschroot; oder durch die saure Flüssigkeit, welche nach dem völligen Ausgerben der in den Lohgruben übrig bleibende Brühe zurückbleibt, die ihrer Natur nach eine Verbindung von Gallussäure und von Essigsäure ausmacht.

§. 1125.

Wir haben es also in beyden Fällen mit der Wirkung einer Pflanzenartigen Säure zu thun, die von der Beschaffenheit des Essigs ist: denn auch die alte ausgegerbte Lohbrühe enthält Essigsäure, die aus den in saure Gährung übergegangnen gummichten Theilen der Eichenrinde gebildet zu seyn scheinet; und wenn dieses letztere auch nicht der Fall wäre, so würde die Gallussäure schon allein hinreichend seyn, die erforderliche Funktion zu verrichten, wie gleich gezeigt werden soll.

§. 1126.

Die Haut ist aus thierischer Gallerte, aus thierischer Faser, und aus fettartigen Theilen zusammengesetzt, die sich in einem Zustande der Mengung, keinesweges in dem der Mischung befinden. Es ist indessen eine bekannte Erfahrung, daß sowohl die Gallerte als der Faserstoff in den vegetabilischen Säuern, und in der Essigsäure besonders lösbar sind. Sie werden daher gelößt, wenn die Häute in ein solches saures Fluidum eingeweicht werden, das ganze der Haut nimmt eine andere Beschaffenheit an, Gallerte und Faserstoff die vorher mechanisch gemengt neben einander lagen, zeigen eine Wechselwirkung auf einander, und gehen in Mischung; und so erfolgt in der ganzen Masse der Haut eine durchwirkende Fermentation, die Haut schwillt auf, wird dicker, gegen das Licht gehalten durchscheinend: und dieser Zustand ist es, in welchem man sagt, die Haut ist geschwellet; und sie ist nun zur Annahme des gerbenden Prinzips hinreichend vorbereitet.

§. 1127.

Jene Erklärung macht es sehr deutlich, daß das Schwellen der Thierhäute und das Säuren des Brodteigs eine große Uebereinstimmung haben. Eine nicht geschwellete Haut, zeigt nach dem Austrocknen einen hornartigen brüchigen halb durchsichtigen Zustand. Eine nicht gesäuerte, oder mit einem Ferment angeknetete Mehlmasse, liefert nach dem Backen eine harte nicht poröse, und Geschmacklose Masse. Eine gut geschwellte Haut ist nach dem Austrocknen im Innern von einer faserigen Textur; eine gesäuerte Mehlmasse, liefert nach dem Backen ein lockres, poröses, und schmackhaftes Brod.

§. 1128.

In der That existirt auch zwischen beyden die größte Aehnlichkeit. Das Mehl enthält Stärke, Kleber und Zuckerstoff. Die Stärke, welche im gelösten Zustande Pflanzenschleim ausmacht, ähnelt hierin der thierischen Gallerte; der Kleber zeigt durchaus in allen seinen Eigengenschaften eine Uebereinstimmung mit der Thierischen Faser. So wie beym Schwellen der Haut die vegetabilische essigartige Säure es ist, welche das Bindungsmittel zwischen der Gallerte und dem Faserstoff veranlasset, so ist es beym Mehl die vegetabilische essigartige Säure des Sauerteigs, welche die Stärke mit dem Kleber verbindet, und durch die dadurch veranlassete Fermentation, die Teigmasse auflokert und schwellend macht, eine Erscheinung die der Bäcker das Aufgehen des Teigs nennt.

§. 1129.

Neuere Verbesserer der Gerbekunst sind der Reinung gewesen, das Schwellen der Häute sey gar nicht nothwendig, oder es könne wenigstens bloß durch eine mit Wasser verdünnete Schwefelsäure veranstaltet werden. Allerdings hat auch die Schwefelsäure die Eigenschaft, Gallerte und Faserstoff aufzulösen, und sie mit einander mischbar zu machen, aber diese Auflösung ist mit ganz andern Erscheinungen begleitet, als die durch vegetabilische Säure veranlassete. Man bemerkt hiebey ein weit geringres Aufschwellen der Häute als bey jener, und sie geben ein weniger dickres Leder. Wer aber die Nothwendigkeit des Schwellens bey den zu Sohlleder bestimmten Häuten läugnet, ist im Irrthum. Er würde entweder ein Leder erhalten das diesen Namen nicht verdient; oder er müßte die Häute bis zur anfangenden Fäulniß schwitzen lassen, wobey aus einem Theil der Gallerte in selbigem Essigsäure gebildet wird, die das Schwellen veranlasset.

Theorie von der Wirkung des Kalks.

§. 1130.

Es ist eine bekannte Erfahrung daß die zu Oberleder bestimmten Häute im Kalkäscher behandelt werden müssen. Die dadurch zu begünstigende Wirkung des Enthaarens, kann nicht der einzige Grund jener Operation seyn, denn die Häute erfordern eine längre Behandlung im Kalk, um gutes geschmeidiges Leder zu liefern, als diejenige Zeit ist, welche zu ihrer Enthaarung erfordert wird.

§. 1131.

Der wahre Grund von der Behandlung im Kalk, kann also kein andrer seyn, als durch die Wechselwirkung des Kalks gegen die in der Haut befindlichen Theile des Fettes, das Letztere aufzulösen, in einen seifenartigen Zustand um zu ändern, und seine herausschaffung aus den Zwischenräumen der Haut zu befördern, weil solches nun in diesem saponificirten Zustande im Wasser lösbar ist, und beym Ausstreichen der Haut hinweg geschafft wird. Das die häutigen Theile auf der Fleischseite dadurch mürber gemacht, und zum Abnehmen vorbereitet werden, und daß das Oberhäutchen oder die Epidermis dadurch gleichfalls gelöst wird; dieses sind Wirkungen, die billig als Nebensache angesehen werden müssen.

§. 1132.

Will man sich durch eine Thatsachen davon überzeugen, daß der Kalk die Fetttheile der Haut auflöst und hinwegschaffet, so behandle man eine solche Haut während einem Zeitraum von 14 Tagen in Kalkmilch, man streiche solche dann recht wohl aus, wasche sie ein Paarmal hintereinander in Wasser, streiche sie wieder aus, und sammle so wohl den ausgestrichnen Kalk aus das ausgestrichne Wasser.

§. 1133.

Man gieße nun zu der Flüßigkeit nach und nach so viel Salzsäure als erfordert wird allen Kalk vollkommen aufzulösen, so schwimmt zu lezt eine fettige Materie auf der Oberfläche des neutralen Fluidums, welche, wenn sie durchs Verdünsten von der Wäßrigkeit befreyet wird, nun reines Fett darstellt, das also vorher durch den Kalk in eine Art von Seife umgeändert worden war: eine Erfahrung die den von mir aufgestelleten Satz völlig außer Zweifel sezt.

§. 1134.

Der Kalk wirkt aber nicht allein auf das Fett der Haut, er greift auch die Substanz derselben selbst an und macht solche mürbe. Es ist daher unumgänglich nothwendig die strengste Aufmerksamkeit darauf zu verwenden, daß die Haut nicht zu lange im Kalk bleibt, auch daß aller Kalk aus ihren Zwischenräumen so vollkommen wie möglich abgesondert wird. Das Leztere verrichtet man gewöhnlich durch oft wiederholtes Einweichen in Wasser und Ausstreichen der Haut mit dem Streicheisen. Ich habe die Bemerkung gemacht, daß wenn man die Haut ein Paar Stunden lang in verdünnetem Essig, oder in sehr verdünneter Schwefelsäure einweicht, der Kalk nicht nur weit vollkommner daraus hinweg geschafft wird, sondern die aus so zubereiteten Häuten gegerbten Leder, auch viel Geschmeidigkeit annehmen.

Theorie der Lohgahrmachung.

§. 1135.

Die Lohgahrmachung oder das eigentliche Lohgerben der dazu vorbereiteten Thierfelle, sie mögen im Kalk behandelt seyn oder nicht, sie mögen zu starkem Sohlleder oder zu Oberleder bestimmt seyn, ist die wichtigste Operation der Lohgerberey, mit welcher Art von Lohe solche auch veranstaltet werden mag.

§. 1136.

Das Hauptsächlichste Prinzipium welches sich beym Lohgerben wirksam zeigt, ist der Gerbestoff. Er allein ist es, welcher, die Lohe mag im Troknen mit Wasser benetzten Zustande, oder in einem mit Wasser vorher extrahirten Zustande als Lohbrühe angewendet werden, sich so wohl mit der Gallerte als mit dem Faserstoff der Haut chemisch verbindet, solche zusammenziehet, und nun ein neues Homogenes Produkt damit erzeugt, welches vorher nicht existirte. Jenes neue Produkt ist die gegerbte Haut selbst, und diese ist nun von den darin mit einander vereinigte Bestandtheilen, der Gallerte dem Faserstoff und dem Gerbestoff wesentlich verschieden.

§. 1137.

Der wesentliche Unterschied einer Lohgahren Thierhaut, oder des Leders, von den darin vereinigten differenten Bestand- oder Mischungstheilen, giebt sich leicht dadurch zu erkennen, daß die Haut ihren vorigen Zustand total verlohren hat, das es nun nicht mehr möglich ist, weder die Gallerte nach den Faserstoff noch den Gerbestoff mit Wasser daraus zu extrahiren, und jene sie bilden. den Bestandtheile insolirt darzustellen; ein Umstand worauf die Dichtigkeit des Leders, und sein Wiederstand gegen Fäulniß und Wassereinsaugung gegründet ist.

§. 1138.

Der Unterschied welchen wir zwischen dem Leder und der ungegerbten Haut wahrnehmen, ist also vollkommen demjenigen gleich, welcher zwischen dem Brode und dem Mehl wahrgenommen wird. Ledergerben und Brodbacken hat also in gewisser Hinsicht eine größere Aenlichkeit: denn auch aus dem Brode ist es nicht möglich die Bestandtheile des Mehls wieder abzusondern, die solches vor dem säuern und von dem backen enthielt; sie sind nun nicht mehr mit einander gemengt, sondern gemischt, und ihre vorige Natur ist verändert.

§. 1139.

Wenn es aber als eine chemische Grundwahrheit angesehen werden muß, daß der Gerbestoff, er sey aus dem einen oder dem andern Pflanzenkörper entnommen, immer derselbe ist *), so muß auch jede Pflanze, in so fern der

---

*). Anmerkung. Man hat in neuern Zeiten die Meinung gehegt daß es mehr als eine Art von Gerbestoff in den Produkten des Pflanzenreichs gebe; ja daß selbst Gerbestoff und Gallussäure identisch nicht verschieden seyen. Dieses Urtheil scheint indessen nicht mit der Erfahrung überein zu stimmen, weil jedem Gerber die Erfahrung lehrt, daß die Häute nur den Gerbestoff aus der Lohe in

Gerbestoff einen bildenden Bestandtheile in derselben ausmacht, zum Gerben oder Lohgahrmachen der Thierhäute geschickt seyn.

§. 1140.

Wenn indessen gleich der Gerbestoff in den gerbenden Vegetabilien immer derselbe ist, so können doch diese selbst sehr verschieden seyn; und dieser Unterschied hängt theils von der Quantität ab, in welcher sie den Gerbestoff als Bestandtheil enthalten, theils von den anderweitigen Bestandtheilen derselben, dem Gummi dem Schleim dem Harz, dem Färbestoff, dem Seifenstoff, welche zugleich neben dem Gerbestoff ihre Grundmischung ausmachen. Jene Materien verhalten sich beym Gerben nicht ganz passiv, und so müssen die auch die Erfolg des Gerbens verschieden seyn, wenn eine oder die ander jener verschieden gearteten gerbenden Pflanzen als Lohe oder Gerbematerial adhibirt worden ist.

§. 1141.

So sehen wir daß ein mit Galläpfeln gegerbtes Leder anders ist als ein mit Schmack gegerbtes. Dieses ist wieder anders als ein mit Weidenrinde gar gemachtes; und fast alle unterscheiden sich von dem, das mit Eichenrinde gargemacht worden ist Die eigentliche Gahre oder die gegerbte Beschaffenheit welche dergleichen Leder besitzen,

---

sich ziehn, und die Gallussäure als ein saures zwar schwellendes aber nicht gerbendes Fluidum zurück lassen.

ist zwar in allen dieselbe aber ihre Farbe so wie ihre Zähigkeit und Geschmeidigkeit sind verschieden; und diese Verschiedenheit ist eine Folge der anderweitigen Bestandtheile jener Materialen, welche sie neben dem wahren Gerbestoff enthalten, worunter sich die Eichenrinde oder die gewöhnlichste Gerberlohe wegen ihrem braun färbenden Stoffe, und die Fichtenrinde wegen ihrer Reichhaltigkeit von Harzigem Stoffe vorzüglich auszeichnen.

§. 1142.

Jenes kann aber kein gegründetes Hinderniß der Anwendung jener verschiedenen gerbenden Materialien abgeben: denn Farbe und Zähigkeit müssen bey dem Lohgahren Lederarten billig als Nebensache betrachtet werden, die man auch durch andere Materialien ersetzen kann, wenn nur die wahre Gerbung der Haut gut und regelmäßig veranstaltet worden ist: auch erreicht man den Zweck in Hinsicht der Farbe, wenn man diese der Haut vor dem Gerben, durch eine Farbenbrühe von Eichenrinde erhielt; so wie die Härte, welche die mit Fichtenrinde gegerbten Leder besitzen, ihnen durch eine Einweichung im schwacher alkalischer Lauge entzogen werden kann, welche die Harztheile in Seife umändert, und sie aus der Haut hinweg schafft.

§. 1143.

Wenn man diese aus der Erfahrung entnommnen Sätze für wahr annimmt, wofür sie angenommen werden müssen, so folgt daraus, daß wir eine fast unendliche Anzahl von gerbenden Materialien unter den Produkten des Pflanzenreichs wahrnehmen, daß wir keineswegens wie bisher an den ausschlüßlichen Gebrauch der Eichenrinde gebunden sind, daß also auch der von vielen befürchtete Mangel an Eichenlohe zur Unterhaltung der Lohgerbereyen, ganz und gar auf eine unrichtige Vorstellung gegründet ist, und nie ein solcher Mangel befürchtet werden darf.

§. 1144.

Der befürchtete Mangel von Eichenlohe ist überhaupt sehr relativ, denn ein wahrer Mangel könnte nur in so fern möglich seyn, in so fern in der Nachbarschaft bedeutender Lohgerbereyen ein Mangel von Eichenbäumen entstehen sollte. Dafür giebt es aber in andern Provinzen, wo weniger Gerbereyen befindlich sind wieder desto mehr Eichenwälder, folglich auch Eichenlohe. Man könnte allerdings einwenden, daß eine große Entfernung der Eichenwälder den Transport der Lohe erschweren, folglich solche vertheuren würde, zumal wenn die Eichenwälder weit entfernt von Schiffbaren Ströhmen liegen. Dieses ist einerseits wahr, kann aber hier zu keinem gegründeten Einwurf dienen, da wir Mittel in den Händen haben, jene Schwierigkeiten zu überwinden.

§. 1145.

Wir haben gesehen, daß der Gerbestoff so wie die Gallussäure aus der Eichenrinde durch reines Wasser ausziehbahr sind; wir haben Mittel in Händen, durch eine einfaches Versieden der Brühe, die Wäßrigkeit zu verjagen, und die wirksamen Bestandtheile, die Gallussäure und den Gerbestoff zu condensiren, und beyde in trokner Form darzustellen; und es bedarf denn weiter nichts als das trockne Extrackt wieder in Wasser aufzulösen, und die Auflösung als frische Lohbrühe zum Gerben des Leders zu benutzen.

§. 1146.

Nach meinen eigenen über diesen Gegenstand angestellten Erfahrungen, liefern 100 Pfund Eichenlohe wenn solche mit kaltem Wasser extrahirt werden, und wenn man die Brühe bis zur Konsistenz des Mußes eindikt, 10 Pfund Extrakt, das wenn solches zum Gerben angewendet wird, eben so viel wirkt, als 100 Pfund Eichenrinde oder Lohe, und ohne irgend eine Verderbniß zu erleiden sich viele Jahre lang aufbewahren läßt: denn ich habe ein solches Extrakt vor mir, das ich vor 10 Jahren verfertigte, und es ist noch so schön als vorher. Hiedurch werden also die Transportkosten um 90 Procent vermindert; und da, wenn ein solches Extrakt in den Eichenwäldern selbst versotten wird, das dazu erforderliche Brennmaterial für nichts gerechnet werden kann: so erkennt man in dieser Methode einen Weg, sich den Gerbenden Stoff selbst aus den entfernsten Provinzen, hinreichend wohlfeil zu verschaffen, und auch in diesem Fall dem Mangel an Lohe vorzubeugen.

§. 1147.

Bey meinen eigenen mit der größten Genauigkeit über die Lohgerberey angestellten Versuchen, und dadurch gemachten Erfahrungen, habe ich gefunden, daß jede Thierhaut nur eine bestimmte Quantität an Gerbestoff absorbirt, um in den lohgahren Zustand überzugehen. Nimmt man hierbey die gute Eichenrinde zur Basis, so kann man leicht vorher bestimmen, wie viel, mehr oder weniger, von einem andern gerbenden Material gegen die Eichenrinde erfordert wird, um eine Haut von bestimmtem Gewicht im lufttrocknen Zustande, damit vollkommen Lohgar zu machen. Wir wollen, um jenen Satz deutlicher zu machen, ihn aus einem zweyfachen Gesichtspunkte betrachten: 1) Wenn ein Pfund trockne Thierhaut ein gegebnes Gewicht von Eichenlohe erfordert, wie viel erfordert eine ganze Haut, ein Kalbfell oder ein Ochsenfell von selbiger, um Lohgar zu werden? 2) wenn eine Ochsenhaut ein gegebnes Gewicht Eichenlohe zur Gahrmachung erfordert, wie viel wird von irgend einem andern gerbenden Material, außer der Eichenlohe dazu erforderlich seyn?

§. 1148.

Um den ersten Satz zu erläutern, ist folgende Regel zu berücksichtigen: Wenn das absolute Gewicht eines trocknen Kalbfells = P, das einer troknen Rindshaut = r, die Quantität der Lohe aber, welche für das Kalbfell als gegeben angenommen wird = q ist: so wird x oder die Quantität desselben, welche erfordert wird ein andres Kalbfell, so wie eine Rindshaut oder Roßhaut gahr zu machen, sich aus folgender Proportion ergeben: P : r = q : x, folglich wird $x = \frac{r \times q}{P}$ seyn. Nemlich, es wiege z. B. ein Kalbfell im troknen Zustande P oder 2 Pfund, eine trockne Rindshaut wiege aber r oder 40 Pfund, und das Gewicht der Eichenrinde oder eines andern gerbenden Materials, welches erfordert wird das P oder zwey Pfund wiegende Kalbfell gahr zu machen, betrage q oder 14 Pfund, so wird x oder das Gewicht dieser Substanz, welches erfordert wird, um ein andres Kalbfell oder eine Rindshaut lohgahr zu machen, sich aus folgender Proportion ergeben: 2 zu

40 wie 14 zu x, folglich, wird x oder das gesuchte Quantum für die zu gerbende Haut seyn:

$$\frac{40 \times 14}{2}$$

nemlich 40 mal 14 dividirt durch 2, das ist 560 dividirt durch 2, oder 280 Pfund, und nach diese Methode kann daher jedesmal die Quantität des Gerbematerials bestimmt werden, welche zum Gahrmachen einer trocknen Thierhaut von bekanntem Gewicht erfordert wird.

§. 1149.

Um den zweyten Satz zu erläutern, ist folgendes zu berücksichtigen. Es erfordere z. B. ein Pfund trockne Haut 7 Pfund Eichenlohe zur Lohgahrmachung, von der Tormentillwurzel hingegen nur 1½ Pfund, so würde um eine Rindshaut von 40 Pfund lohgahr zu machen 280 Pfund Eichenlohe, dagegen aber nur 60 Pfund Tormentillwurzel erforderlich seyn, um einen gleichen Grad der Gahre damit zu bewirken; und so läßt sich, wenn die Quantitativen Verhältnisse des Gerbestoffs in verschiedenen gerbenden Materialien einmal bestimmt sind (§. 676.) die Quantität des Materials dadurch allemal ausmitteln, welche zur Gahrmachung einer trocknen Haut von gegebnem Gericht erfordert wird.

Theorie der Alaunweißgerberey.

§. 1150.

Da die Theorie des Einweichens, so wie der Wirkung des Kalks bereits angegeben ist, so haben wir hier nur noch die Wirkung des Alauns auf die gehörig vorbereiteten Häute zu untersuchen. Der Alaun ist ein erdiges Mittelsalz, aus Thonerde und Schwefelsäure, nebst wenigem Schwefelsauren Kali zusammen gesetzt. Das Letztere ist bloß ein Beförderungsmittel seiner Kristallisation, die Thonerde ist das eigentliche Wirkungsmittel zur Gerbung der Haut.

§. 1151.

Da man aber die Thonerde, ohne vorher aufgelößt zu seyn, nicht mit dem Stoffe der Haut würde in Mischung setzen können, so wird solche in Form des Alauns angewendet, welcher im Wasser lösbar ist. Der gelöste Alaun durchdringt die Haut in ihren kleinsten Massentheilen, er sezt die Thonerde an die Gallerte so wie an den Faserstoff derselben ab, sie werden dadurch zusammen gezogen, ihrer vorigen natürlichen Beschaffenheit beraubt, und in denjenigen Zustand über geführt, in welchem sie das weißgahre Leder produciren. Der Alaun wird also hiebey zerlegt, und seiner Säure beraubt; die Thonerde bleibt dagegen, vermöge der größern chemischen Affinität, mit den Massentheilen der Haut verbunden. Die Haut erscheint dadurch gegerbt, desorganisirt, und nun derjenigen Eigenschaften beraubt, welche sie im rohen oder ungegerbten Zustande besaß.

§. 1152.

Man kann sich von der Richtigkeit dieser Behauptüng überzeugen, wenn man ein Stück weißgahres Leder mit Wasser, ein andres mit verdünneter Salzsäue infundirt. Das Wasser bleibt unverändert, die Salzsäure nimmt aber einen zusammenziehenden Geschmack an, und aufgelöste alkalische Salze, schlagen reine Thonerde daraus zu Boden; wogegen nun die Haut in einem Zustande übrig bleibt, in welchem solche wenig von der rohen Haut verschieden ist.

Theorie der Fett- oder Sämischgerberey.

§. 1153.

Die Fett- oder Sämischgerberey ist bloß auf eine Durchdringung der Häute mit fettigen Theilen gegründet, nachdem solche vorher durch den Kalk und das Walken mit Kleye welche eine Schwellung darin veranlasset, vorbereitet worden sind. Die mit dem Fett durchdrungnen Massentheile der Haut, werden dadurch vor dem hornartigen Austrocknen geschützt, und bleiben in einem erweichten Zustande zurück.

§. 1154.

Auch von der Richtigkeit dieses Satzes kann man sich überzeugen, wenn die sämischgahren Häute mit schwacher ätzender alkalischer Lauge zu wiederholtenmalen behandelt werden, sie ziehet die Fettigkeit daraus an, macht sie mit dem Wasser mischbar, und ein wiederholtes Auswaschen, läßt nun die Haut im meist rohen Zustande zurück. Wird dagegen die Lauge durch irgend eine Säure neutralisirt, so läßt sie die fettigen Theile von sich, die man abgeschieden daraus erhält.

Beschluß.

§. 1155.

Hier haben wir eine kurze Uebersicht der Theorie der

vorzüglichsten Gerbungsarten des Leders: denn was in den hier aufgestellten drey Hauptarten der Gerbung erläutert ist, passet auch auf alle übrigen. Die Zubereitung der Thierhäute zu Pergament, so wie die der Fischhäute zum brauchbaren Zustande, kann nicht als eine wahre Gerbung angesehen werden, beyde stellen die Häute im wesentlich nicht veränderten Zustande dar, sie sind bloß von der fremdartigen nicht zu ihrem Wesen gehörigen Theilen befreyet worden. Man kann sich hiervon überzeugen, wenn man eine Fischhaut bloß im Wasser einweicht, und wenn eine Pergamenthaut mit Essig übergossen wird, welcher den Kalk womit sie betüncht ist, daraus weg nimmt, und die Haut im rohen Zustande zurück läßt: die Pergamentfabrikation kann daher nicht mit vollkommnem Rechte zur Ledergerberey gezählt werden.

Ende.

Register.

K.

L.

M.

FSC
www.fsc.org
MIX
Papier | Fördert
gute Waldnutzung
FSC® C083411

Zeitfracht Medien GmbH
Ferdinand-Jühlke-Straße 7
99095 Erfurt, Deutschland
produktsicherheit@kolibri360.de